阳台
YANGTAI
有机蔬菜
YOUJISHUCAI
SIJIZHONG
四季种

薛珠政　张双照　陈永快　胡润芳　李关发　李永平　著

海峡出版发行集团 | 福建科学技术出版社
THE STRAITS PUBLISHING & DISTRIBUTING GROUP | FUJIAN SCIENCE & TECHNOLOGY PUBLISHING HOUSE

图书在版编目（CIP）数据

阳台有机蔬菜四季种 / 薛珠政等著 . —福州：福建科学技术出版社，2020.7

ISBN 978-7-5335-6144-4

Ⅰ.①阳… Ⅱ.①薛… Ⅲ.①蔬菜园艺 - 无污染技术 Ⅳ.① S63

中国版本图书馆 CIP 数据核字（2020）第 064205 号

书　　名　阳台有机蔬菜四季种

著　　者　薛珠政　张双照　陈永快　胡润芳　李关发　李永平

出版发行　福建科学技术出版社

社　　址　福州市东水路 76 号（邮编 350001）

网　　址　www.fjstp.com

经　　销　福建新华发行（集团）有限责任公司

印　　刷　福州德安彩色印刷有限公司

开　　本　700 毫米 ×1000 毫米　1/16

印　　张　12.5

图　　文　200 码

版　　次　2020 年 7 月第 1 版

印　　次　2020 年 7 月第 1 次印刷

书　　号　ISBN 978-7-5335-6144-4

定　　价　48.00 元

　　阳台、天台和楼顶是都市家庭种菜的主要空间，居家蔬菜种植能部分满足家庭蔬菜供给，让家人享用绿色有机蔬菜，而且能绿化美化生活空间，还能让你在工作之余活动筋骨、调节身心，感受到园艺之乐。可是，很多人却"心向往之，而不敢至"：有些人觉得种菜是一门高深的学问，担心自己种不好；有些人有天台、阳台的空间，却苦于搬运土壤到天台的艰难；有些人由于家居环境小，没有天台以及露台，只有小窗台，觉得这样的生活离自己很遥远……

　　这本书就是为阳台种菜初学者而写。读罢本书，你便会明白家庭种菜并没有想象中的那么困难：不会种菜，可以学习；没有土壤不是问题，可以安装无土栽培系统；没有天台及露台也不是问题，就算是在客厅、窗台，一样可以享受到种菜的乐趣，吃到亲手种植的新鲜蔬菜……

　　本书在作者长期科研成果、生产经验基础上，结合蔬菜特色品种、技术，总结了50种蔬菜的栽培技术，以图文并茂的形式介绍居家种植方法，展示蔬菜"新、优、奇、特"品种多样化种植，以及现代化种植模式（无土栽培模式等）和技术（病虫害绿色防控、水培管理技术等）在家居种植中的应用，让生活在都市的人们获得现代农业、创新农业、创意产品带来的全新体验。书中附有很多实用、有趣的小贴士，让你轻松学会种菜。

本书在撰写过程中，得到了福建省农业科学院出版基金、福建省建阳区晓富种子有限公司，以及林珲、王彬、康玉妹、邱永祥等人的帮助，在此一并表示深深谢意。

作者

目 录
CONTENTS

种菜要做足准备功

一、家庭种菜，乐享生活

阳台种菜

现代城市住房紧张，别说一亩三分地，就算是小几平方米的土地也是我们大多数人力所不及的。在这个田地和泥土越来越缺少的时代，怎样播种自己喜爱的植物，收获自然气息呢？不用担心，下面就给大家展示现代家居的一种全新的生活方式，那就是充分利用我们的阳台、天台、庭院，甚至窗台、客厅种植蔬菜。这不仅能给我们的生活带来一种"锄禾"的乐趣，让我们感受到田园乡间的气息，而且能美化环境，装饰家居，还可以让我们收获满满，吃上新鲜、安全的有机蔬菜。

具体来说，家庭种菜有如下好处。

（1）能够种自己喜欢的蔬菜种类。现代蔬菜种类繁多，除了部分水生或生长期特别长的蔬菜之外，大部分蔬菜都可以在家庭小菜园里种植。但每个家庭或个人喜好的蔬菜不同，你喜欢的蔬菜在市场上某一时段内不一定买得到，甚至在当地市场上根本就买不到。而如果有了自己的菜园子，想吃什么就可以种什么，这也是人生的一大趣事。

（2）随时随地采收新鲜蔬菜。在家庭小菜园里种菜，可以利用任何空闲时间进行管理，非常方便。你可以早晚到小菜园里锄锄草、浇浇水、施施肥，可以随时采摘成熟的蔬菜食用，比在市场上购买的要新鲜、方便。可生食的蔬菜品种洗洗就吃，作为调味的蔬菜可以随时根据需要采摘。

天台种菜

（3）自家种菜食用安全。目前市场上的蔬菜安全问题仍然存在，如农药、硝酸盐、重金属残留，蔬菜收获后在保鲜、加工、运输过程中还存在二次污染。而自家小菜园种菜，合理施用肥料、正确使用农药，尽量避免其他形式的污染，这样种出来的蔬菜食用安全。

（4）家庭种菜可以美化环境。不论是庭院、天台、阳台、窗台，还是客厅里的菜园子，都可以增加绿地面积，点缀家居环境，同时很多蔬菜在生长过程中又是良好的观赏植物。特别是通过现代

庭院菜园一角

无土栽培技术，可以根据阳台、天台、客厅等家居环境，设计适合于空间位置的无土栽培方式，大大增加蔬菜栽培对环境的美化作用。此外，家庭种菜还能净化空气，改善城市光、声污染和二次扬尘，可以一定程度上解决顶层居室的冬冷夏热问题，使居室内的温度更适于居住。

（5）家庭种菜能修身养性。随着城市生活节奏的加快，人们的生活压力也增大。看着亲手种的蔬菜一天天地长大，会让你心情愉悦，增添生活乐趣。而亲手采摘收获自己种的蔬菜，会有一种满足感，也非常有益健康。种种菜，适当劳动，丰富了生活，充实了精神，而且手脚得到锻炼，缓解了城市白领长期坐着办公活动少等问题。这就是近年来兴起的一种通过园艺活动缓解压力、改善情绪、减轻疼痛、促进和帮助病人康复的"园艺疗法"。

（6）家庭菜园是孩子们的第二课堂。通过种蔬菜，孩子们能了解蔬菜的生长条件和生长过程，不但能学到许多书本中没有的知识，还可以培养孩子爱自然、爱劳动、爱科学的好品质。

二、家庭种菜的模式

（一）传统种植模式

传统种菜模式就是采用土壤栽培。土壤栽培是相对于无土栽培而言，可以利用土壤中的养分、空气提供给植物生长。土壤对酸碱性有较强的缓冲性，同时有很好的保水保肥能力，土壤中各种有益菌的活动还有利于植物生长。家庭种菜通常采用配制的培养土，以满足不同蔬菜对土壤特性的要求。这些培养土可以从花卉市场或农资店购买，也可以自己配制。

（二）无土栽培模式

无土栽培是指不用天然土壤而用基质或仅育苗时用基质，在定植以后采用营养液或营养液加固体基质栽培植物的方法。在植物整个生长过程中，无土栽培装置完全可以提供植物生长所需的良好的水、肥、气、热等根际环境条件。无土栽培所用的营养液能够充分满足植物对营养成分的需求，同时还可以根据植物不同生长阶段对养分的需求进行调整，更有利于植物生长发育。无土栽培可人工创造良好的根际环境以取代土壤环境，能有效防止土壤连续种植发生病害及土壤盐分积累造成的生理障碍，栽培用的基质材料又可以循环利用，省水、省肥、省工。无土栽培的蔬菜具有产量高、品质好、洁净、细嫩、无污染等特点，是绿色的蔬菜产品。但是无土栽培要求的设施设备条件和生产成本也相对较高。

土壤栽培

无土栽培根据不同的类型可以分为以下几种方式。

（1）按基质的类型可分为固体基质栽培和液体基质栽培。固体基质栽培又可分为有机基质栽培、无机基质栽培和有机无机混合基质栽培。有机基质栽培如锯末栽培方式、草炭栽培方式、稻壳栽培方式等；无机基质栽培如珍珠岩栽培方式、砾石栽培方式、砂粒栽培方式等；有机无机混合栽培是把无机和有机基质按一定的比例混合后进行栽培，如草炭加蛭石基质栽培、砂粒加菌渣基质栽培等。与单一的基质栽培相比，这种混合基质可以克服单一基质的不足，提高基质的通气性和保水性，更有利于植物的生长。液体基质栽培可以分为水培和雾培。水培又分为

固体基质槽栽

深液流栽培方式（DFT）、浅液流栽培方式（NFT）、漂浮板栽培方式等。雾培又分为喷雾法、超声雾法。

（2）按栽培的设施种类可分为盆栽、槽栽、管道栽培、立体栽培等。

（3）按营养液流动的方式可分为循环水培、非循环水培、滴灌培、喷灌培、渗灌培等。

固体基质盆栽

固体基质箱栽

立体栽培

水培管道栽培

三、选择种菜的地方

（一）阳台

　　阳台是家庭种菜选择最多的地方，可谓是大众化的种菜场所了。在阳台上种菜，既可丰富家庭菜篮子，又可就近观赏，增加生活乐趣。阳台种什么菜，一方面要根据个人爱好和需要而定，另一方面要考虑自家阳台的环境条件适合哪些蔬菜生长。所谓阳台的环境条件，就是阳台本身的朝向、空间大小以及阳台的光温条件。每一种蔬菜都有它适宜的栽培环境。因此，要想在阳台种菜成功，首要的是根据阳台所能提供的环境条件看是否满足所要种植的蔬菜要求，然后再看个人的喜好。

阳台朝向和封闭情况是影响阳台环境条件的一个重要因素。全封闭阳台冬季温度也较高，所受温度限制较小，可种植的蔬菜范围也比较广，基本一年四季都可栽种蔬菜。半封闭或未封闭阳台冬季温度较低，种植蔬菜种类会受到一定限制，夏天太阳直射导致温度过高，也要注意遮光保护蔬菜。朝南阳台为全日照，阳光充足、通风良好，是最理想的种菜阳台，因此一年四季均可在朝南的阳台上种植蔬菜。冬季朝南阳台大部分地方都有阳光直射，再搭起简易保温设备，也可以给冬季种植蔬菜创造一个良好的环境。朝东、朝西阳台为半日照，适宜种植喜光耐阴的蔬菜，但朝西阳台夏季西晒时温度较高，会使某些蔬菜产生日烧，轻者落叶，重者死亡，因此最好在阳台角隅栽植蔓性或半蔓性耐高温的蔬菜，或者可以采用遮阴措施。在夏季，对后面楼层反射过来的强光及辐射光也要设法防御。朝北阳台全天几乎没有日照，可种植蔬菜的选择范围最小。对于南方来说，朝南的阳台光照比较充足，只要空间足够大，一年四季都可以种植喜温的蔬菜；一些喜冷凉的叶菜类以春、秋、冬三季种比较好；有些耐热的蔬菜也可以在夏季种植。

阳台种菜的具体品种选择，还应考虑后期的管理和具体条件，否则等到最后才发现种植品种不当，会带来不少麻烦。阳台种菜本来也是一种生活乐趣，

阳台立体种菜

阳台种菜

肯定要先考虑自己的喜好以及阳台的光热条件，但不能完全撇开阳台空间条件和后期管理。像豆角、黄瓜等藤蔓植物，需要棚架攀爬，如果不能提供棚架，最好不要种植。有些家庭一开始的时候想着藤蔓植物可以攀爬阳台的防盗网，没有棚架也可以，当植物生长茂盛的时候才发现负面作用，密不透风的藤蔓影响居室通风透气。如果阳台长期有大风，没有支撑杆的情况下，尽量不要种番茄、辣椒和茄子等蔬果，否则这些蔬菜容易被风刮倒，甚至是折断。如果不能经常照料自己的小菜园，那就尽量选择耐旱、耐涝的蔬菜，不要选生菜、番茄等需要精心照料的品种。

阳台是人们居家活动较多的地方，但是一般家庭的阳台面积都不是非常大，通常只有十几平方米甚至几个平方米。为了更好地利用阳台空间，可利用无土栽培技术在阳台进行立体种植，这样不仅可以根据人们的实际需要设计适合于阳台的设备，充分利用阳台的空间，而且可以达到更好的美化家居的效果。阳台已逐渐成为家庭蔬菜无土栽培的首选场所。

（二）天台

楼顶天台是一个重要的种菜场所。随着现代家居生活的发展，以前只有住顶楼的居民才可能有天台，而现在许多居民家庭居住条件改善，有着独立小别

天台菜园

墅或独立天台，因此可以在楼顶天台进行合理的规划，修建一些简易设施如小温室、种植槽等，把楼顶天台充分利用起来，开辟成真正意义上的小菜园。这不仅可以起到美化家居环境的作用，而且可以在夏季对顶楼房间起到很好的降温作用，还可以作为居民休闲乘凉的好去处。天台因为光温充足，可以种植的蔬菜种类也最多。南方的天台一年四季可种菜，蔬菜种类可根据季节来选择。

天台菜园

如果天台足够大，可以在天台上种植任何种类的蔬菜，布局上可以根据植株的高矮、颜色进行搭配。北方的天台，冬天因为天气冷，只能在春、夏、秋季应用，最主要的种植季节是夏季。

天台菜园

天台的最大优点是通风、采光好，蔬菜的病虫害少；缺点是水分蒸发快，平时需要勤浇水，夏天最炎热的时候，蔬菜收成会受到一定的影响。天台种菜使用的土壤，可以在普通使用的土壤中增加一些沙砾和草木灰，以降低土壤容重，保持土壤疏松。很多家庭的天台由于足够大，适于搭建多种设施，是家庭开展无土栽培的重要场所。

（三）窗台

窗台种菜

现代家居设计越来越注重窗台的设计，许多飘窗的设计形式使得窗台采光性能加强，而且窗台更宽。如果家庭居室的窗台比较宽，可以充分利用窗台空间来种植蔬菜。但是由于窗台的特有环境，窗台种菜要考虑到采光、通风等功能。另一方面，窗台的位置不像阳台、天台等，空间相对较小，一般只能采用盆栽或者箱栽的方式，种植一些植

窗台种菜

株较矮、生长期短的速生蔬菜，以防高大植株遮挡阳光，影响室内光照。室内窗台不宜摆放过多蔬菜，多以绿叶菜和矮生的蔬菜为主，如小白菜、茼蒿、樱桃萝卜、紫背天葵等。

（四）客厅

现代家居设计中，客厅是一个重要场所，并且多为明厅，带通风采光的窗户，有的甚至都是落地玻璃大窗，因此也可以利用客厅种植蔬菜，除供食用外，还可以点缀室内的环境，具有观赏功能。但是总体来说，客厅阳光不会太足，应以种植耐阴的蔬菜为好，蔬菜株型也不宜太高大，否则会使客厅显得拥挤。客厅种植的蔬菜一般仅在茶几、角落或窗户旁边，采用适当大小的盆栽或箱栽的方式种植。同时考虑到客厅的美观等因素，可选择一些外形漂亮的栽培容器。利用客厅进行无土栽培时，可以采用一些造型美观的设备，如立柱式、层架式等无土栽培设施，与客厅搭配成一体，既美观又充满生机。如果客厅光线不足，但又想种植喜光的蔬菜，那可以去购买一些带发光二极管（LED，全书同）灯的栽培箱，这样既可以满足栽培箱里蔬菜的生长需求，又带来灯光效果，点缀和美化客厅。

客厅种菜

客厅种菜

别墅庭院种菜

庭院种菜

（五）庭院

　　庭院是种菜的最佳场所，改造起来容易，投资少。庭院种菜可以利用自然的土地，不需要外运培养土，省钱省力，而且更易于种植。如果你家里有庭院，那就真要恭喜你了，你拥有了一个绝佳的种菜场所。如果是私人房子自带的私家庭院，那可以算是极品庭院了。你可以根据庭院的环境条件合理地进行规划，融现代蔬菜种植与传统种植为一体，将庭院打造成既是菜园，又是花园的理想园。如果你是居住平房或居住楼层较低的居民，那也可以利用房前屋后的空地，开垦成小菜园。当然这种空地基本上是乱石荒地，开垦起来有点费力气，需要清理干净粗石块，还要加厚土层至少达到30厘米以上，这样才适于种菜。

庭院种菜种类也要根据空地的大小、朝向来确定，而且菜地要离居室窗户有一段距离，以防遮挡室内光照。如果是南向的空地，可种植喜光的蔬菜；如果空地处于阴面，则以种植耐阴的蔬菜为主。如果空地较大，可多选择一些蔬菜种类，根据植株高矮、采收期进行合理搭配；如果空地较小，则以种植矮生的蔬菜为主。不宜在紧靠窗边种植高大的蔬菜。庭院菜园应考虑与周围环境协调，既可美化环境，又能吃到新鲜的蔬菜，可谓亦食亦赏，使生活充满乐趣。

四、菜园子的准备

（一）常用工具

为了让家庭种菜播种、育苗、移植等管理过程更加容易操作，我们需要一些简单的工具，主要有以下几种。

水缸：用于存水。

水桶：用于存水和取水。

喷水壶：用于给蔬菜浇水，一般喷嘴的出水孔较大，水均匀地从喷嘴的小孔中喷出。多用于给较大的蔬菜日常浇水。

水缸　　　　　　　　　　喷水壶

细孔喷壶：也叫喷雾水壶，喷嘴的出水孔较小，水以微小喷淋状从喷嘴中喷出。多用于蔬菜刚播种后浇水或蔬菜苗较小时浇水。

起苗铲：用于移苗时将小苗从土中起出。

细孔喷壶　　　　　　起苗铲

移植铲：可用于混匀土壤，装土上盆，还可以用来挖坑。

小苗耙：有大小不同类型，主要用于蔬菜松土。

小镐：用于蔬菜松土或锄草。

小锄头：用于松土或锄草。

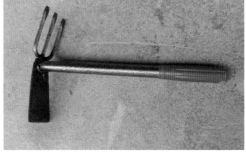

小镐　　　　　　　　双向小锄头

育苗穴盘：用于蔬菜育苗，家庭栽培蔬菜用的主要规格有50孔、70孔等。

营养袋、营养钵：用于蔬菜育苗，家庭栽培蔬菜用的主要规格：高 × 宽为（8~10）厘米 ×（6~10）厘米。

育苗海绵块：特别适用于无土栽培小粒种子的蔬菜育苗，一般厂家把海绵划成块，每块规格为20毫米 ×20毫米 ×20毫米，育苗时配合育苗盘进行育苗，定植时轻掰小海绵块即可直接定植。

定植篮：主要在植物水培时，用来支撑和固定植株，是一种利用植物根的趋水性原理进行水培的栽培方式。可以根据管道栽培和栽培箱上的孔径大小和栽培蔬菜的种类不同，选择不同大小规格的定植篮。

育苗穴盘

育苗营养袋

育苗海绵块

定植篮

油性笔及标签：油性笔也叫防水笔，此种笔写在塑料标签上的字迹遇水后不会被冲洗掉。标签用于记录播种、定植时间等。

电导仪：用来测量营养液的电导率，营养液的电导率与营养液的浓度成正比。通常情况下，蔬菜生长过程中营养液的电导率应控制在 1.6~2.5 之间，超过或太低对蔬菜生长都会产生不良的影响。

小贴士：如何自制定植篮

定植篮虽然可以从专业市场购买，但有时候临时需要几个，购买麻烦，那就自己动手制作：选择跟自家栽培管道上孔径大小相当的果冻瓶子、一次性塑料水杯或可乐瓶子，在底部和边缘根据自己的喜好，设计成筛漏状，使用时直接放在定植孔里就可以了。不过大家要记住，制作使用的塑料瓶要有一定的硬度，以免支撑不住植株。

家庭小温室

简易小温室

（二）搭建小温室

对于可直接利用庭院、天台等地方种菜的人们，如果庭院或者楼顶面积够大，可以安装或搭建家用型小温室。搭建家庭小温室有4个重要的作用：一是在寒冷的季节起到保温作用，可以让你在寒冷天吃到别人吃不到的喜温蔬菜，丰富家里的餐桌蔬菜。二是避雨作用。小温室上面盖一层塑料膜，既可以保温，又可以挡雨。这样可让蔬菜免遭风雨的"折磨"，不受伤又降低环境湿度，减少了菜苗生病的机会，更加健康地成长，也就可以少打农药或不打农药，让你吃得更健康。三是温室周边及顶上可以配上防虫网，就像给蔬菜弄个保护帐，把那些讨厌的小虫子都隔离在外面。四是如果采用无土栽培的模式进行蔬菜种植，还可以利用现代的物联网技术，对光、温、湿等环境条件进行控制，实现种菜的远程控制，即使出差不在家，也可以很好地管理你家菜园子。

温室的建造可采用铝合金或角铁作为骨架，顶部和边上采用玻璃或塑料膜。首要考虑的当然是稳定安全，基座一定要牢固，毕竟如果是在屋顶建设温室，其承受的风力要比地面大得多。建造时既要考虑到保温的效果，也要考虑容易通风的功能，应根据建造的温室大小，配合几个易于空气对流的窗户。简易的小温室一般只采用塑料膜进行保温，拆卸方便，在冬春季节可以用来保温。在夏秋温度较高季节，可以在塑料膜上面再加盖一层遮阳网降温。家用型的小温室建造高度不宜太高，一般顶高不超过2.5米，屋顶成弧形或三角形，以利于排水和采光。家用型小温室除可以自己建造外，目前市场上也有专门的生产厂家，可根据用户对长、宽、高的不同要求进行设计。这种温室不仅外形美观，而且安装简单、方便、可靠。家用型小温室在保温、采光等性能方面都较为优越，而且产品价格不高。这解决了一般家庭想要搭个小温室却害怕施工繁琐的问题。

（三）修建种植槽

种植槽一般在天台和庭院修建较多，也可以利用阳台的空间或者护栏的上部进行修建。种植槽的修建可以参照城市街道绿化带的修建方式，采用砖头水泥围砌，槽的内壁用水泥沙浆抹平，也可以直接在槽内铺上防水薄膜。槽深度30厘米以上，宽度可以根据场地的大小进行调整。修建种植槽时应在长边底部每隔1~1.5米处留一个排水孔，保证排水通畅。排水孔的排水情况对蔬菜种植十分关键，排水孔太小，排水不良，植物根系窒息腐烂；排水孔太大，排水过快，又会使植物缺水而枯死，而且容易造成培养土流失。根据种植槽宽度，一般排水孔可采用4分（内径15毫米）或6分（内径20毫米）大小的聚氯乙烯（PVC）管伸至种植槽中部，这样可以避免浇水时水顺着槽壁流下后直接排出，达不到湿润培养土的作用。

砖混砌的种植槽及小温室

还有一种以聚乙烯或聚氯乙烯为材料的移动式种植槽，特别适合无土栽培使用，具有搭建方便、便于移动、价格低廉、更换基质容易等特点。这种由专业厂家生产

种植有蔬菜的种植槽

的种植槽，可根据栽培不同蔬菜的需求从厂家直接购买不同的规格型号，一般种菜用的规格有底×高为30厘米×20厘米或40厘米×20厘米等。只要将购买回来的种植槽两边向上折起，就成为一个"U"形槽了，再将头尾上折，装上栽培用的基质，就可以种植了。当然，这种轻便式的栽培槽，在使用中其四周还是要立些小杆，或者把挡墙对拉起来防护，免得一装上基质就撑平了。

（四）栽培容器

传统栽培的情况下，几乎任何类型的容器都可用来种菜，只要它足够坚固，能提供足够的空间和排水通道。除了传统的各种花盆、花槽外，许多生活中的器物经过改装都可利用，如塑料盆、提桶、花箱、花槽、木箱、泡沫箱、可乐瓶、塑料盒、坛子、食品罐，甚至浴盆、轮胎、麻袋、烧烤盘等都可加以利用。但无论选用什么容器，都要保证底部有排水孔。市场上购买的花盆、花槽等专业容器，底部都有排水孔。用生活器物改装的容器，就要自己钻排水孔，一般可在底部周围均匀地钻几个直径 0.5~1 厘米的排水孔。为避免浇水时培养土流失，可进行"垫盆"，即用碎的花盆片、瓦片、粗石砾或窗纱覆盖排水孔，要求既挡住排水孔，又不影响排水。不要用经过高压处理的木制容器，因为高压处理过程中加入了化学防腐剂，虽然这一方式使得经处理的木材能够在很长一段时间内免遭白蚁，也不易腐朽，但木材本身也含有了有毒物质，会毒害植物。如果自制木制容器，最好使用抗腐蚀木材，如松木、杉木等。

无土栽培所要求的容器则要相对专业些，如果仅仅是固体基质的栽培方式，那么适用于传统栽培的容器大部分可以用，只是用栽培基质代替传统使用的土壤，当然其效果与专业的栽培容器相比还是有很大的差异。所以无土栽培根据栽培的模式不同，可以选用不同的栽培容器，如有栽培槽栽培、栽培袋栽

素烧盆

瓷盆

木箱

泡沫箱

植物护根板制作的栽培槽

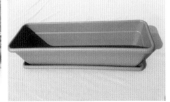
带底盘塑料盆

基质条

栽培袋

培、基质条栽培、管道式栽培、立柱式栽培、层架式栽培、"A"式栽培、潮汐式栽培盘、水培栽培箱、层架式 LED 灯栽培箱等，可以根据栽培地点的不同，满足人们不同的需求，并与栽培环境达到最佳组合。

（五）培养土准备

　　家庭种菜主要有两种方式，一种是无土栽培，一种是土壤栽培。家庭无土栽培用的基质（包括椰糠、岩棉、草炭、蛭石、珍珠岩、树皮、锯末等）很多都可以直接从市场上购买，购买回来经过一定的处理后就可以直接用来栽种蔬菜了，有条件的可以根据不同的蔬菜品种，配制更加适宜生长的复合基质，这样后期管理就更轻松了。土壤栽培是相对于无土栽培而言，是采用自然土壤或人工配制培养土进行栽培。多数家庭种菜采用土壤栽培方式。大多数蔬菜要求栽培土壤肥沃、疏松透气、排水良好，而家庭种菜一般用容器栽培，营养面积和空间有限，因此对土壤的要求更高。家庭种菜通常采用有机培养土，这些培养土在市场上都可以买到，可根据蔬菜种类选用专用的培养土，也可自己配置培养土。家庭种菜自己配制培养土主要有以下原料。

河沙

　　河沙：多取自河滩。河沙的排水性好，但其本身没有肥力，一般多将其掺入其他细、黏的土壤中，以增加培养土的通透性，提高排水透气能力，也可单独作为播种基质。

菜园土：多取自菜园等地表下10~20厘米的土壤。菜园土是人工长期种植蔬菜而形成的高度熟化的人工土壤。由于蔬菜特有的营养特点，根系的高盐基代换量、高需氧量、高喜水喜肥性等，要求频繁的土壤耕作，大量地施用动物性氮肥、磷肥以及频繁地灌溉，所以菜园土成为人工土壤中熟化度最高的土壤，通透性也较好，是配制培养土的最主要原料。

山皮土：由森林里的枯枝、落叶经多年自然堆沤、腐熟而成，也可人工采用落叶、枯草等堆制而成。其腐殖质含量高、保水性强、通透性好，也是配制培养土的主要原料。这种培养土含有丰富的腐殖质，有优良的物理性能，土质疏松有利于保水保肥，但偏酸性。

泥炭土：由植物有机体经多年的腐化后剩下的植物残体，是天然沼泽地产物。天然泥炭土具有无菌、无毒、无污染，通气性能好，质轻、保水、保肥，有利于微生物活动，营养丰富等优点。泥炭土既是栽培基质，又是良好的土壤调节剂，并含有很高的有机质、腐殖酸等。泥炭土可从花卉市场购买。

砻糠灰或草木灰：砻糠灰主要是稻谷壳烧的灰，草木灰主要是稻草及其他杂草烧的灰。二者均含有丰富的钾肥，加入培养土中能起到疏松土壤的作用，利于排水，但偏碱性。

腐熟堆肥

厩肥和堆（沤）肥：厩肥是家畜粪尿、垫圈材料和饲料残渣混合堆积并经微生物作用而形成的肥料，富含有机质和各种营养元素。堆（沤）肥是用秸秆、落叶、杂草、绿肥、河泥等为主要原料，混合不同数量的泥土和人畜粪尿堆制而成的肥料，对改良土壤性状，尤其对改良沙土、黏土和盐渍土有较好效果。无论是哪种肥料，都要充分腐熟后才可以使用，一般可作为基肥掺入培养土。现在有很多肥料厂家利用工厂化生产，将家畜粪发酵后制成有机肥。家庭种菜也可以利用家中的菜叶等下脚料自制堆肥。

塘泥：塘泥是鱼塘水底的多年沉积泥，其营养丰富，富含有机质，呈中性或微酸性。它最大的特点是干燥时非常坚硬，湿后变得松软但又不松散变形，仍能保持颗粒状，透水透气性好。塘泥在南方应用较多，家庭种菜时应注意只有不受污染的塘泥才可以用来种菜。

木屑：近年发展起来的一种培养材料。将木屑堆制发酵腐熟后与土壤配制，可使培养土疏松，增加培养土的透气性，同时木屑保温性好，重量轻又干净卫生。

蛭石：无土栽培中最常用的一种基质材料。蛭石是一种层状结构、含镁的水铝硅酸盐，外形似云母，是黑云母等天然矿物风化蚀变的产物，呈块状、片状和粒状，其层间水分子经高温灼烧，体积增大 18~25 倍，颜色变为金黄色或银白色。蛭石透气性好、吸水力强，有较高的缓冲性和离子交换能力，其所含的钾、镁、钙等元素可适量地释放，有利于农作物的生长。

珍珠岩：一种无毒、无味、不燃、不腐、耐酸碱、保温、内部呈蜂窝状结构的产品，是由酸性火山玻璃质熔岩经破碎，筛分至一定粒度，再经预热，在 1400℃ 以上高温延时烧结而制成的白色或浅色材料。珍珠岩的特点是轻质、疏松、持水性和通气排水性能好，稳定性好，不易分解，在园艺作物无土栽培上应用非常广泛，但是珍珠岩的离子缓冲性能差。

菌渣：食用菌栽培后的下脚料。我国已成为世界上食用菌生产第一大国，菌渣数量多，被广泛应用于农业生产。菌渣质地轻，持水性和通透性好，缓冲性能较强，还含有大量的菌丝体，富含氨基酸和纤维素、碳氢化合物和微量元素，其中所含的营养成分在栽培过程中可以逐步释放，为植物生长提供养分。菌渣作为无土栽培基质时一般与泥炭土、椰糠等配合使用，传统栽培可将其添加到土壤中，起到疏松和改良土壤的作用。

椰糠：椰子外壳纤维粉末，是加工后的椰子副产物或废弃物。椰糠具有良好的保水性，可以充分保持水分和养分，减少水分和养分的流失，有利于植物根系很好地吸收水分和养分。椰糠还具有良好的透气性，可防止植物根系腐蚀，促进植物根系生长，可以保护土壤，避免造成泥浆化。

椰糠

家庭栽培蔬菜一般可选用以上一种或多种原料混合配制成培养土。但是不管配制什么样的培养土，都要考虑以下几点：首先，培养土养分要全面。第二，根据不同蔬菜的生长习性，各种原料添加比例有所不同。第三，具有良好的理化性质，具有较好的保水保肥能力和良好的通气性及酸碱度。如果栽培土重复使用，特别是种完一季蔬菜后，继续栽种同一种蔬菜，在栽种之前应消毒。目前基质发展的一个趋势就是复合化，这是因为单一的基质较难满足作物生长的各项要求，另一方面则是由于复合基质总体来说综合经济效益更高，而且更能满足人们对生产绿色、有机食品的要求。无土栽培时配制复合基质所采用的基质一般以2~3种为宜，配制的原则是要求质地轻重适宜，增加孔隙度，提高水分和空气含量，改善理化性质，提高栽培效果。复合基质可以自行配制也可以购买市场上的商品基质混合使用。常用的无土栽培复合基质有以下配方。

配制好的营养土

营养土块

（1）草炭土：珍珠岩：沙 =1：1：1

（2）草炭土：珍珠岩 =1：1

（3）草炭土：沙 =1：1（或草炭土：沙 =3：1）

（4）草炭土：蛭石 =1：1

（5）草炭土：蛭石：珍珠岩 =4：3：3

（6）草炭土：蛭石：珍珠岩 =2：1：1

（7）椰糠：菌渣：草炭土 =4：4：2

（8）椰糠：菌渣：草炭土 =4：2：4

（9）椰糠：菇渣 =8：2

（10）草炭土：蛭石：木屑 =1：1：1

（六）安装无土栽培系统及微灌系统

简单的无土栽培系统是用栽培槽、栽培袋或基质条，配合使用营养液就可以完成，当然这种通常还是平面栽培。现代家居为了达到更加适合环境条件的栽培效果，需安装更加专业的无土栽培系统。根据不同的栽培场所，可采用管道栽培、立式栽培等，以达到立体栽培的效果。但不论采用哪一种的无土栽培模式，最好安装简易的营养液循环灌溉系统，用于营养液灌溉或日常水分灌溉。对植物生长而言，这种微灌系统就像是人体的血液循环系统，是一种通过压力管道系统与安装在末级管道上的灌水器（如滴箭、喷头等），将肥料溶液以较小流量均匀、准确地直接输送到植物根部附近的灌水和施肥方法。它可以把水分和养分按照植物生长需求，定量、定时直接供给植物。安装时可以用一个小抽水电机与一个定时器相连接，通过滴灌管、滴灌带或滴箭系统，每间隔一定时间，定量给蔬菜浇灌一次营养液。如果滴灌系统仅用于传统的水分浇灌，可以将进水口与水龙头相连，根据不同蔬菜对水分需求，定时定量浇水，这样即使你出差几日不在家，也不用害怕家里的园土干旱了。现在市场上有很多专业的无土栽培系统，可以根据不同的需求设计适合家居环境的形状，并且把微滴灌系统、定时系统、营养液系统都配备好了，只要搬回家就可以使用了。

天台多路自动灌溉控制系统

1.家用多路自动灌溉控制系统

该设备是由多道灌溉控制器、电磁阀、滴灌管道、管道连接器、滴箭等物件组成的屋顶、露台自动灌溉系统。它可直接连接到家庭自来水管，连接电源后设定灌溉控制程序，达到分区域、分时段、分流量自动灌溉，既可以减少人力物力，又可根据植物生长的不同需求，做到按需供水。该设备成本低廉、操作简单，可分区控制，灌溉面积大，适合屋顶花园、露台等区域使用。

2.家用单道自动灌溉控制系统

该设备是由单道灌溉控制器、减压阀、滴灌管道、滴箭等物件组成的阳台自动灌溉系统。它可直接连接家庭自来水管，无须电源，同时还可设定灌溉控制程序，达到分时段、分流量自动灌溉，既可以减少人力，又可根据植物生长不同需求，做到定时定量供水。该设备成本低廉、操作简单，适合都市家庭阳台和天台使用。

3.阳台自动灌溉种植箱式栽培系统

该设备由家用自动灌溉控制系统、防腐木箱栽培盆（户外塑料盆）、套盆、轻型基质、专用果蔬品种组成。在装有轻型培养基质中种植一些阳台特有蔬菜品种，结合家用自动灌溉控制系统，按时施肥及简易的农事操作，即可达到休闲娱乐及收获农产品的目的。该设备具有操作简便、适合居家休闲娱

家用单道自动灌溉控制系统

阳台自动灌溉种植箱式栽培系统

乐等特点，主要应用于都市家庭阳台、露台、入户花园及其他栽培区域。

4.立式双边水培装置

该设备以圆形聚氯乙烯（PVC）管为主要材料，采用双向串联设计，营养液由水泵抽至最上一层容器，然后水满溢入下层容器，如此左右管交替，最终

汇入下方溶液池。该设备具有空间利用率高、重心稳定的优点，适合家庭露台等全日照场地使用。

5. 立式斜边水培装置

该设备以圆形聚氯乙烯（PVC）管为主要材料，采用斜边阶梯设计，营养液由水泵抽至最上一层容器，然后水满溢入下层容器，最终汇入下方溶液池。该设备结构简易，占用空间小，适用于家庭露台、阳台等单面采光的场地。

6. 卧式方管（圆管）水培装置

该设备以方形（圆形）聚氯乙烯（PVC）管为主要材料，采用卧式并联设计，营养液由水泵抽至上层管道，然后溶液分别注入方形（圆形）管道容器，最终汇入下方溶液池。该设备结构稳定，容易固定，便于自动化管理，适合在阳光房或较大空间水培使用。

立式单边水培装置

立式双边水培装置

立式斜边水培装置

卧式方管水培装置

开始种菜啦

一、种子准备

种子准备主要包括3个方面：首先，要根据栽培空间的大小和栽培环境特点确定种植的蔬菜种类。一般情况下，有条件搭架的天台和庭院可选择种植高秆或爬蔓的蔬菜种类，而阳台、窗台或室内由于受空间限制，尽量种植一些矮生的或迷你型的蔬菜种类。其次，要根据栽培季节，选择适合于当地种植的蔬菜种类。同一蔬菜种类，在不同的栽培季节，应选择不同的蔬菜品种。如夏秋种植的菜心，应选择早熟、耐热的品种，而冬春种植的则应选择晚熟、耐寒性强的品种。第三，要选择质量较好的种子。种子质量是指蔬菜种子的品种品质满足规定或潜在需要的程度，以纯度、净度、发芽率、水分含量4项指标评判，以纯度、净度、发芽率为分级依据。市场销售的蔬菜种子从外观包装到内在质量都有国家规定的标准，必须符合标准的种子才可以上市销售。

小贴士：如何选择种子

种子包装袋背面

在市场上购买种子，首先要看包装是否正规，是否有二维码，对纯度、净度、发芽率、水分含量4项指标有没有明确标示，销售单位信息是否齐全等。其次还可以从以下几方面进行判断：一望，判断种子的品质。如种子的籽粒饱满度、均匀度、杂质和不完整籽粒的多少，色泽是否正常，有无虫害、菌斑或霉变的情况。二闻，用鼻子判断种子有无霉变、变质及异味。如发过芽的种子带有甜味，发过霉的种子带有酸味或酒味。三咬，用牙齿轻轻加大压力，咬断种子籽粒，若感觉费力、声音清脆、软质粒端面掉粉、硬质粒端面整齐，则水分含量低。 切记有经过包衣的种子不可放入口中咬。四听，抓一把种子紧紧握住，五指活动，听有无沙沙响声，带有果皮的品种抓起摇动或扬起听响声，一般声音越大，水分含量越小。

二、种子处理

蔬菜种子的大小、形状各不相同，发芽时间有差异。种子常常带有病菌，为减少苗期病害，使蔬菜出苗迅速，保证菜苗苗壮成长，避免病虫害等发生，播种前最好对种子进行简单的消毒处理。处理方法主要有提高种子纯净度、晒种、温汤浸种、种子消毒、催芽、药剂处理等。

（一）晒种

晒种是最简单的种子处理方法。晒种好处：一是种子在阳光中的可见光和红外线照射下，有增温作用，使种子温度升高，可促进种子的胚和胚芽进入活动状态；二是晒种能增强种子的渗透性和吸水能力，增强酶的活性，从而提高种子发芽率和发芽势；三是晒种可以利用阳光紫外线杀死种子表面的病菌，起到防病的作用。晒种时，须适当翻动，力求晒种均匀，防止温度过高，伤害种子。温度保持在35℃时晒种最好，不宜超过45℃。要连续晒种2~3天。另外，晒种应在土晒场上进行，切勿在水泥地上晒种，或者可以用木板或竹编隔开水泥地板，以免高温晒伤种子，使种子发芽率明显降低。对于芋头、马铃薯等块根（茎）类繁殖的蔬菜，晒种具有明显提高出苗率和提早出苗的效果。

（二）温汤浸种

温汤浸种

这是家庭种菜中简单易行的种子处理方法，既可以促进种子吸水，又可杀死种子表面的部分病菌。方法是将种子放在50~55℃的温热水中浸泡10~15分钟，并不断搅拌，然后将水温降至25~30℃，继续浸泡一段时间即可（浸种时间和温度根据不同蔬菜品种的需要确定）。取出后进行催芽或晾干表面水分后播种。

（三）药剂浸种

种子表面通常带有病菌或病毒，可通过药剂浸种来杀死这些病菌或病毒，减少病害发生。根据要防除病菌或病毒的种类不同，选择适合的药剂和处理方法，有针对性地进行消毒处理。如预防病毒病可采用10%磷酸三钠溶液浸种15~20分钟或1%高锰酸钾溶液浸种15分钟，预防真菌性病害可采用50%多菌灵可湿性粉剂浸种30分钟。不同蔬菜对药剂的反应也不同，浸种时所用的药液浓度、浸种时间要根据不同的蔬菜进行调整，而且要严格控制浓度和时间，否则就会伤害种子。浸种过程中，药液量要多出种子量的2~3倍，并充分搅拌，使种子充分与药液接触。浸种后一般要用清水冲洗2~3遍，洗净种子表面的残留药剂。

三、催芽

从市场买回来的种子，或者是自己留种收获的种子，由于种子成熟度、种子活力以及对环境条件的反应不一致等原因，种子在播种后，出苗会不一致，导致出苗不整齐，影响了蔬菜种植管理。所以让种子先在合适的条件下萌发后再播种，这样就会让蔬菜生长一致，好管理，好安排。对于家庭用户来说，催芽设备既可以购买专业的发芽箱，也可以利用家庭简单的材料来制作催芽设备。

（一）自制灯泡温箱催芽

准备温度计1个，纸箱1个（不宜太小，以免箱内温度过高烫伤种了，一般长、宽、高以50厘米左右为好）。将纸箱侧放，开口面向自己，以便于操作。将塑料薄膜铺在纸箱内层，并在箱底放一碗水以保持箱内湿度及温度均衡，在纸箱上面开3~4个小孔，其中1个小孔悬挂1个40~60瓦的白炽灯泡，置于箱子中下

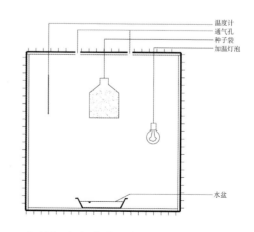

温度计
通气孔
种子袋
加温灯泡

水盆

自制灯泡催芽箱示意图

部，1个孔悬挂温度计，其余的孔用来通气以保持恒温。种子浸种后，用湿布包好，悬挂于箱内，与温度计相近，但不要靠近灯泡，以防烫伤。通过开关电源及箱子开口来调节温度。

（二）电热毯保温催芽

温度计1支，电热毯铺开（严禁折叠使用），先铺一层塑料薄膜隔离水分，将包好的种子均匀放在塑料膜上，边上放温度计，再在种子上覆盖一层塑料薄膜保湿，最后覆盖棉布等保温，通过调节电热毯的高低温度挡进行温度控制。

（三）利用人体温度催芽

种子量较少时，可将浸好的种子用湿布包好，再用塑料袋装好，放在贴身的口袋内，利用人体温度进行催芽。

湿布包裹催芽

种子露白

（四）冰箱催芽

对于一些喜欢冷凉的蔬菜品种（如莴苣等），播种期如果外界温度偏高，可利用冰箱的保鲜层进行催芽。将冰箱的保鲜层温度调高，种子浸种后包好，如种子粒很小，可与湿沙混匀后装于盘子或瓶子内，放置于冰箱保鲜层24~36小时后即可取出播种。

种子催芽时，每天早晚应各检查1次，包种子的布湿度不够时要及时补充水分，千万不能让吸足水分的种子脱水，否则会造成种子活力下降或死亡。种子表面有黏液要及时清洗，以免影响发芽。一般每天应清洗种子1~2次，小粒种可在70%种子露白时取出播种。颗粒较大的种子（如瓜类），温度适宜时2~3天后大部分种子均可发芽。由于种子发芽不整齐，应先将发芽的种子挑选出播种，其他种子继续催芽，以后每天挑出发芽的种子继续播种。催芽的时间因蔬菜种类而有不同：十字花科（如结球甘蓝、白菜等）种子小，以看到种子露白为宜；茄果类（如茄子、辣椒、番茄等）以芽不超过种子长度为宜；瓜类（如黄瓜、苦瓜等）种子可催短芽。

四、播种与种植

（一）育苗基质

如果家里种菜是采用传统的土壤栽培，那么育苗时既可以采用传统的土壤，也可以采用专业的育苗基质。当然，专业的育苗基质性状更加适合蔬菜育苗，有利于蔬菜苗期的生长。如果采用无土栽培，则最好采用专业的育苗基质或育苗块育苗，特别是进行液体基质无土栽培时，那就更要使用专门的育苗基质或育苗设备，才能满足后面蔬菜无土栽培的生长需要，如采用定植篮、海绵块进行栽培，就必须采用专用基质育苗或海绵块育苗。

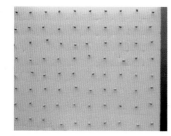
海绵块育苗播种

营养土块播种

穴盘育苗播种

小贴士：如何选择育苗基质

在购买育苗基质时，如果买到不合格、劣质的育苗基质，不仅育不出好苗，还容易造成烧苗、死苗。我们可从以下几个方面去判断育苗基质的好坏：一"看"颜色，一般为乌黑色，并有部分光泽，浇水后如果颜色浓黑则不好；二"闻"气味，好的基质有经过充分发酵，具有泥土的清香气息；三"摸"手感，好的基质已充分腐熟，抓握手感好，一松即散。

（二）育苗移栽

所谓"苗好七分收"，育好苗、育壮苗、育无病虫苗是让菜园子丰收的重要保障。如果不是采用容器育苗，直接在地里或盆里播种育苗，那就一定要根据不同的蔬菜种类，合理控制密度。播种太密了，菜苗容易生病，而且苗挤在一起，没有伸展的空间，都长成高脚、细弱的苗了。这种苗质量差，种植不易成活，就算活了也存在先天不足。播种方法可以采用撒播、条播或点播，以条播和点播容易控制密度。小粒种如春菜、芹菜可撒播，为了播种均匀可拌沙后撒播，但撒播不利于中耕除草；条播是先在苗床上划好小沟，行距10厘米左右，条播便于中期管理，如中耕、除草、浇肥等；点播典型的就是穴盘或营养袋育苗时播种，以前更多用于大粒种子，但在现代设施容器育苗中越来越得以应用，很多中小粒种子也都采用点播育苗。

如果是采用容器育苗，首先，要选择合适的育苗容器，比如用穴盘育苗或营养袋育苗。种植瓜类如丝瓜、苦瓜等蔬菜，则最好采用孔径较大穴盘，通常可选择36~50孔的穴盘；种植番茄、茄子、辣椒等，则最好选择50~72孔的穴盘。如果种植白菜、芥菜等，则可以选择孔径更小一点的。但是穴盘的孔径越小，越会对菜苗根系的生长造成限制。其次，播种要及时。对于经过浸种或催芽的蔬菜种子，浸种后应稍风干表面水分及时播种，千万不能让吸足水的种子又因为干燥而"吐水"，种子就容易失去活力，不会发芽了。第三，要根据不同的蔬菜品种，控制好播种和盖种深度，一般情况下为种子厚度的1~1.5倍。第四，不论是采用哪种方式育苗，播种后

海绵块育苗

穴盘苗

浇水都要用细水壶来回地浇，不可大水冲，避免土表板结。第五，冬春季提早育苗时要注意保温。夏秋育苗温度太高，要搭凉棚遮阳，棚高1米左右，东西宽1~1.2米，早晚阳光从侧面射入，中午遮住烈日。但是遮阴时间一定要控制好，时间太长，温度又高则容易形成瘦弱的高脚苗，影响后期移栽成活和产量。

当苗长到一定大小时，就要及时移栽定植了。苗太大成老头苗，根系老化，移栽后不易发根，种下去易成呆苗长不大；苗太小又太嫩，根系还没有长好，移栽不易成活。定植要选晴天下午，并且马上浇定根水，让苗的根系充分接触土壤吸收水分。

移栽定植

五、浇水与施肥

（一）合理浇水

合理浇水，做好蔬菜的水分管理，是保证蔬菜生长良好的重要措施之一。家庭种菜数量少，而且多采用容器栽培，因此主要采用浇灌的方式补充土壤水分不足。浇水可以单独进行，也可以结合施肥进行。浇水要根据气候和土壤情况，晴天多浇，阴天少浇或不浇，雨天停浇。天气由晴转阴时，浇水量要逐渐减少，间隔期适当拉长；天气由阴转晴时，浇水量要由小到大，间隔期由长变短。夏季水分蒸发量大，要多浇勤浇；浇水要早

采用喷壶浇水

晚进行，中午高温浇水容易造成伤根死棵。冬季水分蒸发量小，可以间隔几天浇水一次，浇水量以保持土壤湿润为准。小苗浇水应采用细嘴喷壶，避免水流过大对菜苗的冲刷。浇水时间长了，土壤表面容易板结，影响水分渗透吸收，故应结合中耕，提高水分利用率。有条件的可安装微滴灌系统进行浇水，定时定量浇水，土壤不易板结，浇水更均匀。

小苗采用细嘴喷壶浇水　　　　　浇水前中耕

（二）肥料的选择与自制

"庄稼一枝花，全靠肥当家。"肥料是保证蔬菜良好生长的主要条件。蔬菜生长需要的营养元素比较多，光靠土壤中的营养元素来提供是不能满足其生长需求的，还要靠施肥来补充营养，给蔬菜"加餐"。无土栽培过程中，基质中可提供蔬菜利用的营养很少或基本没有，主要靠外部的施肥来满足蔬菜的生长需求。施肥的合理与否直接关系蔬菜的产量和质量。因此，一定要做到根据蔬菜生长发育各个阶段不同的需肥要求进行科学施肥，这样既可以做到省肥，又可以使蔬菜正常生长并按时开花结果。土壤栽培可选用传统肥料，也可使用营

氮磷钾复合肥

尿素

磷酸二氢钾

养液。若用传统肥料，一般家庭种菜提倡使用腐熟的有机肥，少用化肥，应掌握"有机肥为主，化肥为辅"的原则，以防硝酸盐积累或土壤变酸、变碱，影响蔬菜生长。通常使用的化肥有复合肥（含氮、磷、钾）、磷肥（如过磷酸钙等）、钾肥（如硫酸钾、磷酸二氢钾等）、氮肥（如尿素等），还有中微量元素肥料（硼、锌、铁、锰、钙、镁等）。有机肥料则主要是鸡粪、鸭粪、菜籽饼、大豆饼或商品有机肥。不管哪一种，都需要经过充分腐熟、发酵、分解后才能使用，以免因为腐熟不充分散发臭味，滋生蚊虫，严重的造成烧苗。

　　家庭种菜的有机肥可以从市场上直接购买，肥料厂家利用工厂化生产将家畜粪发酵后制成有机肥，这种肥料经过充分发酵，有的甚至含有很多有益菌，是理想的有机肥料。现在有很多家庭种菜利用家中的蔬菜残叶、果皮等各种下脚料来制作堆肥。方法是准备一个桶，在桶底铺一层土，然后将落叶、残枝、果皮、菜叶、豆渣、豆壳等家庭下脚料剪成小段后放进去，撒上两把石灰，并覆盖一层5厘米厚的土，按此方法一层一层地放进去，到桶装满后，加适量水保持湿润，加盖封闭后发酵。或者全部倒入结实的塑料袋中，扎紧袋口放在能晒到太阳的地方发酵，2~3个月后即可使用。

堆肥

（三）营养液的选择与配制

叶面肥

无土栽培蔬菜的施肥相对简单，只要浇灌营养液就可以。无土栽培营养液的配制要有氮、磷、钾、钙、镁、硫等大中量元素和铁、锰、硼、锌、铜、钼等微量元素。营养液的配方有不同植物专用的，也有一些植物通用的，在花卉市场上可以买到，按照标签上的说明，合理配制后进行浇灌。营养液有两种，一种是全营养液，含有植物生长所需的各种大量元素和中微量元素，由于不同植物生长所需的各种营养元素比例不一样，可以根据需要，用购买回来的母液进行配制和稀释。另一种主要用来根外追肥，又叫叶面肥，即把肥料或生长激素配成水溶液用喷雾器喷洒于叶面，这是生产上应用最多的营养液。有的叶面肥仅含有单种的营养元素，有的则含有多种营养元素，是复合叶面肥。当根部追肥出现脱节，植株表现出明显的缺肥症状，或表现出缺乏某种微量元素肥料时，都可采用叶面喷施的方法及时补肥追肥。叶面追肥对加强植株营养、增强植物的抗性等有一定的作用，有时甚至效果很明显。叶面肥常用的有磷酸二氢钾、硼砂、硫酸锌、芸薹素内脂等。

有一定栽培基础知识的人可以自己配制营养液，也可以去市场上购买通用型的营养液。自己配制营养液时可以参照已有的适宜蔬菜生长的配方。这些配方大都适合于某一类蔬菜生长，只要根据蔬菜不同的生长时期，做一些微调或添加部分营养元素即可。这里需要特别说明的是，用于配制营养液的水一定要符合要求，理论上来讲，自来水、雨水、井水以及山泉水都适合配制营养液，简单的判断标准是凡是能饮用的水一般都可以用来配制营养液。

（四）施肥方法

肥料的施用要求基肥和追肥相互配合，基肥要在翻地时随土壤一起施入，并且尽量与土壤充分混匀。作为基肥施用的肥料种类以有机肥为主，化肥为辅。追肥则要根据不同蔬菜品种的生长需求追施，可以单独施用化肥或有机肥与化肥配合施用。追肥的方法可以穴施、浇施，还可以通过叶面喷施的形式补充根部施肥的不足。穴施在离根茎部 10~15 厘米处开小穴，施入肥料后盖好土；浇施时要注意肥料的浓度，先用一定量清水将肥料溶解，然后配制成需要的浓度使用，苗小时浓度要小，苗大时浓度可以加大，掌握薄肥勤施的原则，可减少肥料的淋失。浇施养分溶解快，到达植

基肥施有机肥并混合均匀

物根部时间短，与穴施相比见效快。施肥除了要掌握好肥料种类和施用方法外，还要注意气象条件对施肥效果的影响。如连续雨天或雨后初晴，土壤水分过多，通气性差，根系吸收能力差，此时不宜施肥。在晴天施肥也要依据土壤干湿情况决定施肥浓度，如土壤湿，肥料可施得浓一些；如土壤太干，施肥浓度也要降低。夏季高温，中午时土壤温度高，浇施肥料容易造成伤根，因此夏季施肥应在上午或午后进行。冬季温度低，植物根系吸收能力差，施肥浓度要低，特别是遇寒潮的情况下，要在寒潮来临前施肥，以免影响肥料的吸收和转化利用。

穴施肥料

穴施肥料后覆土

不同蔬菜品种对养分的需求量和对各养分的需求比例是不同的，同一种蔬菜不同的生长发育阶段对养分的需求也有差异。因此要结合不同蔬菜品种的不同生长时期，施用不同的肥料。如苗期可用氮肥浇施，促进植株迅速生长；中后期则要选择多种营养元素配合施用，以满足不同生长阶段对养分的需求。而采用无土栽培模式时，所有的施肥都是采用营养液进行浇灌或直接用营养液进行培养的，栽培过程要根据不同的生长时期，调整营养液配方与浓度。另外还要根据不同的无土栽培方式、蔬菜种类、天气条件等因素，确定不同的间隔浇灌时间、浇灌次数。

加水溶解化肥

浇施肥料

六、植株管理

吊蔓

保持良好的株型，是获得丰收的关键所在。植株管理的目标是调节植株生长和结果之间的平衡，培育健壮的植株，改善通风透光，减少病虫害发生，达到提高产量和品质的目的。管理上主要包括整枝、打杈、摘心、摘叶、疏花疏果、搭架、绑蔓、引蔓等。如番茄、茄子、瓜类如果任其生长，就会枝叶繁茂，营养生长过旺而花果少，通过摘除无效分枝、弱小枝条或生长点，可以有效抑制枝蔓生长，

抹芽

摘除侧枝

减少养分消耗，使营养更好地集中到果实上。一些植株下部的老叶片制造养分的效率已经低于自身的消耗，就要及时摘除。对于植株蔓生或匍匐生长的品种，通过搭架栽培，可以使其受光良好，管理方便。搭架形式有很多，可以用竹竿搭建直立架、"人"字架、三脚架、棚架，也可以用绳子吊蔓。豆类蔬菜卷须可自动攀爬，只要简单地引蔓就可以了，番茄、瓜类等攀缘性较差的蔬菜则要人工绑蔓，引导植株向上爬。

七、疏花疏果和保花保果

不同蔬菜生长特性不一样，对于花果的管理也不一样。如番茄等有较大型果实的蔬菜，如果任其结果，则果实小，不均匀。管理上要选留最佳结果部位和发育良好的幼果，去除其余劣质、有病、畸形的果实，促使营养集中，以保证果实生长所需要的养分。另一方面，蔬菜生长过程中由于受环境条件或自身生长状况

人工授粉

的影响，常引起开花授粉不良，造成落花落果，这就需要通过人工辅助的手段来弥补不足，保花保果。家庭种菜常用的方法就是人工授粉，但不同的蔬菜由于生长特性不一样，人工授粉的方法也不一样。如瓜类蔬菜可以在晴天雄花开放时，取下雄花将花粉轻轻涂在雌花的柱头上，或者用小棉签在雄花花粉处轻轻涂擦，然后再放到雌花的柱头上涂擦，这样花粉就沾到雌花上，达到了授粉的目的。注意操作过程不可太用力，以免造成损伤。手也不可太用力拿捏小瓜，否则长大后容易留下伤疤。番茄雌雄同花，只要在花开放时轻轻敲打花枝，让花粉落在柱头上即可达到授粉效果。玉米要用一个纸袋子套住顶上的雄花，上午花开放时，轻轻抖动花穗收集花粉，再取下袋子，把收到的花粉撒在玉米棒子长出的玉米须上就可以了。

八、土壤的循环利用

　　家庭种菜特别是在天台、阳台等位置种菜，培养土的取用是一项较为繁重的工作。这是由于同一培养土连续种植同一科的蔬菜，会引起特定病虫害的蓄积及植株生长不良。因此如何进行培养土的重复有效利用，是一项关键的技术。首先可以采用不同科的蔬菜品种进行轮作的方法，如瓜类蔬菜种植一季后，接着种植葱蒜类蔬菜，这样可以有效减少病虫害的发生。其次可以通过土壤消毒来降低病虫害的发生。最简单的方法就是利用太阳能进行消毒：将培养土平铺在干净的地面或塑料布上，暴晒15天。或者在培养土中加适量的石灰混匀，浇透水，用塑料袋装好并扎紧袋口密封，在太阳下暴晒15天以上。第三，有条件的情况下，可以将栽培容器的出水口暂时封堵，加水至淹过土壤表面，每天补充水分保持土壤泡水30天。

土壤暴晒消毒

家庭种菜寻医问药

一、家庭种菜常见的问题

（一）地太少，品种太多种不了

由于房价越来越高，现实生活中能拥有一块属于自己的家庭菜园已实属不易。城市中用来种菜的无论是天台、阳台还是庭院，面积都不会太大，而大家种菜，总希望可以多种一些品种，除满足自身的需求以外，蔬菜品种多了，种菜也更有乐趣。我们可利用套种的形式来解决这个问题。

所谓套种，就是在同一块地里，根据不同品种的生长特点，把几种蔬菜种一起，这样就可以同时吃到不同的蔬菜了，具体可以按以下的方法来做。

1. 同时播种套种

这种方法就是播种时把几种蔬菜同时播到一块地里，几种菜同时生长。只要做好肥水管理，菜苗可以不断间拔着吃。比如把春菜和小白菜、菜心和小白菜、芫荽（香菜）和芥蓝播在一起，或者在种植葱、蒜时在行间播种小白菜、菜心。

2. 先后移栽套种

这种方法是将不同生长特性和生长期的蔬菜种在一起，充分利用空间。比如在种植结球甘蓝时，由于结球甘蓝前期植株占用空间不大，其成活后可在行间移栽生菜、芹菜、小白菜。

葱套种小白菜

不同生育期蔬菜套种

3. 高低品种套种

这种方法就是将长势高的蔬菜和长势低的蔬菜进行套种，既可以利用空间，又可以根据不同品种特性，互相有利。比如在种植瓜类的架子下，前期可套种较短生长期的小白菜、生菜等，充分利用前期的空间，或者种些生姜、紫背天葵、芋头等，到夏天可利用长大了的瓜类给架子下的菜遮阳，一举两得。

瓜菜套种

4. 同一品种接茬套种

这种方法就是在同一块地里，在不同时间连续套种同一种蔬菜。这样在前面的蔬菜收获结束时，后面种的蔬菜又长大了，减少了中间的换季时间。比如在长豇豆生长后期，在其株间挖穴接着种长豇豆，上季收完后直接拔出让植株枯死，前季搭的架子后季接着使用，省时省力。但这种方法一般就只能套种一次，否则对蔬菜生长不利。

（二）一种蔬菜连续种几次就长不好了

由于个人喜好不同，每个人喜欢种植的蔬菜也不同，从而导致有些人的菜园子里长期种植一种蔬菜。喜欢吃苦瓜的年年种苦瓜，喜欢吃番茄的春秋种番茄，久而久之，菜越长越差，产量越来越低，病害越来越重，这就是所谓的连作障碍。产生连作障碍的原因有以下几个：一是植物吸收不同养分有多有少，长期种植使得土壤中的养分失去平衡，某些营养元素严重亏缺，而某些营养元素却因过剩而大量残留于土壤中，从而影响了其他养分的吸收。二是植物根会分泌出一些物质，这些物质如果在土壤中积累多了，又会对植物本身造成毒害，影响生长。三是每一种植物在根的周围都会形成一个特殊的土壤环境，其中含有很多根的分泌物，使得有害微生物获得丰富的营养而大量滋生，导致土传病害发生严重。因此不同的蔬菜应进行轮作种植，也就是当年（季）种植过某一种或某一科蔬菜的菜地，接下来就不再种植同一种或同一科的蔬菜。不同蔬菜要求的轮作周期有所不同，茄科蔬菜如番茄、茄子、辣椒、马铃薯最好3~4年，生姜、黄瓜、苦瓜最好2~3年。通常同一科蔬菜间隔1~2年种植即可，当然间隔时间越长越好。

（三）长虫子怎么办？病了怎么治？

亲手种植蔬菜当然就是想收获到没有农药污染、食用安全的蔬菜。虽然家庭菜园里种的菜没有田园里种的菜那么多虫子和病害，但是蔬菜生长过程中发生病虫害是不可避免的，即使只是少量的种菜或者在室内种菜，都会或轻或重地发生病虫害。蔬菜种子、培养土可能带有病菌或虫卵，很多病菌也会随风传播，其他地方的虫子还会自身迁飞到蔬菜上面为害。当然，有了病虫害也不用过于担心，家庭种植少量蔬菜时，只要每天认真检查，细心观察，人工消灭病虫害，可以少用或不用农药。如发现飞蛾时要及时消灭，菜叶上有青虫要及时捕杀。特别是发现有蚜虫、白粉虱这类细小的刺吸式害虫时更要及时消灭，因为这些虫害不仅本身吸食植株汁液影响蔬菜生长，还是病毒病的传染媒介，病毒随虫源的转移可造成交叉感染和传播。

防治病虫害的关键是"以防为主，综合防治"，要从农业防治措施入手，辅以物理防治措施。有时遇到不良的气候条件，病虫害大发生了，就要使用对人体无害的生物农药防治。

1.农业防治措施

（1）选用抗病品种

同种蔬菜的不同品种对某种病害的抗病能力不同，而且有的差别很大。利用品种的抗病性是防治病害的一个重要途径，也是最简便易行的措施。例如利用番茄的抗病毒病品种，就可以非常有效地预防病毒病的发生。

（2）轮作

同种蔬菜长期在同一个地方种植，会由于植物根系分泌物的毒害作用、土壤营养元素吸收不平衡，使植物生长不良引起减产。也会因为某种特定病虫害的滋生，危害蔬菜的正常生长。属于同一科的蔬菜不宜连作，如茄科番茄、茄子、辣椒，葫芦科的各种瓜类之间等。

（3）消灭杂草

杂草的增加，将成为病害与虫害生长的温床。杂草还会与蔬菜争夺养分，引起植株间的光照和通风不良，使蔬菜生长不良更易发生病害。

（4）清洁田园

蔬菜收获后剩下的根、茎、叶，以及栽培管理过程中剪下的枝叶、病叶等，如不及时清除，将会滋生病虫害或使病害通过土壤传播。这些根、茎、叶要彻底铲除，尽可能不要留在菜地里。也可以收集起来集中烧掉或和其他材料一起填埋，通过高温发酵杀死病菌，制作成堆肥后再次利用。

（5）土壤消毒

同一培养土连续种植同一科的蔬菜，会引起特定病虫害的蓄积，通过土壤消毒可有效地降低病虫害的发生。最简单的方法就是利用太阳能进行消毒：将培养土平铺在干净的地面或塑料布上，暴晒 15 天。或者在培养土中加适量的石灰混匀，浇透水，用塑料袋装好并扎紧袋口密封，在太阳下暴晒 15 天以上。第二种方法消毒效果更好。

（6）控制中心病株

有些蔬菜病害发生时，要将早期发病的病枝、病叶及时摘除，如黄瓜的白粉病、苦瓜的霜霉病等。有些病害一旦发现，要马上拔起清除并加以烧毁，如番茄与茄子的青枯病等。如果放任不处理或就地掩埋，将引起病害的传播和蔓延。

（7）合理的田间管理

首先不能施用太多的肥料，特别是氮素肥类，以免造成植株生长过于幼嫩。太多的肥料还会造成植株根系烧伤，影响植株正常生长，且易于诱发病害发生。其次，培养土不能太湿，否则会引起植株徒长或沤根。第三，要经常整理枝叶。枝叶过于茂密，会影响通风效果，造成植株间湿度过大而容易诱发病害。

（8）采用嫁接苗

蔬菜嫁接育苗又称"嫁接换根"，是利用对一种或几种病害有较强抵抗力的品种作为根系（砧木），而用来种植采收的品种嫁接其上，重新愈合形成一个新的植株。这样既保持了种植品种的优良特性，同时利用砧木对病害的抵抗

茄子嫁接苗

力，减少发病。还可以利用砧木强大的根系吸收更多的水分和养分，促进生长，提高产量。

2.物理防治措施

（1）种子处理

根据不同蔬菜种子的特点，可以用温水或药剂浸种。如黄瓜、番茄、茄子、辣椒等采用种子重量5~6倍的温水（50~55℃）浸种10~15分钟，可有效杀灭种子表面带的病菌和虫卵。

（2）诱杀

诱杀是利用害虫对光照、颜色等的趋性，或者利用昆虫保幼激素和性息激素的引诱作用来诱杀害虫。如利用黑光灯诱杀蛾类，黄板诱杀白粉虱、蚜虫，性息激素、黄板诱杀瓜实蝇等。

（3）使用防虫网

防虫网是一种添加防老化、抗紫外线等化学助剂的优质聚乙烯原料，经拉丝织造而成，形似窗纱。防虫网是以构建人工隔离屏障将害虫拒之于网外，从而达到防虫保菜的效果。特别是对于十字花科蔬菜的害虫来说，如菜青虫、小菜蛾、夜蛾之类，防虫网可以将它们的成虫拒之于网外，使其无法进入网内产卵。

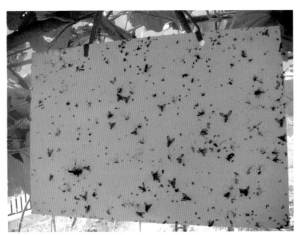

黄板诱杀

使用防虫网

（4）套袋隔离

对于像瓜实蝇这类为害瓜类果实的害虫，最直接的办法就是用纸袋子把瓜套住，让虫子接触不到果实，这样虫子就无从下口了。这种方法比起打药杀虫更为安全有效，而且套袋后的果实更美观、更鲜嫩。对于家庭种植少量瓜果类蔬菜的情况，这种方法实用又安全。

套袋

二、认识蔬菜虫害

蔬菜的虫害有很多种，天上飞的，土里钻的，植株上爬的；有的喜欢大口大口地把菜吃得都是缺口，有的嘴巴像吸管一样吸着汁液，还有的钻到叶子或果实里面为害。下面我们就来看看家庭种菜中常见的虫子。

1. 蚜虫

蚜虫有黑色的、绿色的，为害瓜、豆、叶菜等各类蔬菜，喜欢群集在一起，在叶背和嫩茎上吸取汁液，分泌蜜露。蔬菜嫩茎和生长点被害后，叶片卷缩，小苗萎蔫，甚至枯死。蚜虫最大的危害不是它们吸食叶汁，而是分泌蜜露污染了蔬菜，引起其他病害发生。同时蚜虫还是传播病毒病的罪魁祸首。

瓜蚜为害叶片

蚜虫为害豇豆

白粉虱

2. 白粉虱

白粉虱又名小白蛾子，能为害瓜类、茄果类、豆类等200余种作物，喜欢群集于叶背和果实上吸食植物汁液。受害叶片褪绿、变黄、萎蔫，甚至全株枯死。白粉虱繁殖能力强，繁殖速度快，常群集于叶片上，并分泌大量蜜露，其上常腐生大量煤污菌，引起煤污病大发生，同时还传播病毒病。

3. 红蜘蛛

红蜘蛛又名火蜘蛛、砂龙等，主要为害瓜类、茄果类、豆类蔬菜，喜欢群集在叶背吸食汁液。受害叶片出现褪绿斑点，逐渐变成灰白斑和红斑，严重时叶片枯焦脱落。果实被害则果皮粗糙，呈灰色，品质变劣。

红蜘蛛　　　　　　　　　　　　红蜘蛛为害茄子叶片

4. 瓜实蝇

瓜实蝇又名黄瓜实蝇、瓜小实蝇、瓜大实蝇、针蜂、瓜蛆等，主要为害瓜类蔬菜。瓜实蝇以产卵管刺入幼瓜表皮内产卵，孵化后的幼虫即钻入瓜内取食。受害瓜先是局部变黄，而后由内到外开始腐烂，散发恶臭味；即使不腐烂，刺伤处也会凝结流胶，畸形下陷，瓜味苦涩，品质下降。幼瓜受害后，不能生长，果皮硬实，常引起大量落瓜。有时幼瓜被多次产卵后，瓜内常群集大量幼虫。

瓜实蝇成虫

受瓜实蝇为害的苦瓜

5. 守瓜类

守瓜又名瓜守、黄虫、黄萤、瓜叶虫、黄壳虫等，常见的有黄足黄守瓜、黑足黑守瓜、黄足黑守瓜。其主要取食瓜的叶和茎，将叶片咬食成锯齿状环形或半环形，常常引起死苗；也为害花和幼瓜。

黑足黑守瓜

黄足黄守瓜

6. 菜青虫

菜青虫又名菜粉蝶，特别偏食厚叶片的甘蓝、花椰菜、白菜、萝卜等。幼虫咬食叶片，虫龄小的仅啃食叶肉，留下一层透明表皮，长大后咬食叶片形成

菜青虫

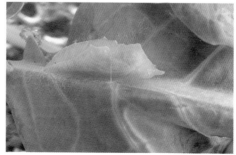
菜青虫蛹

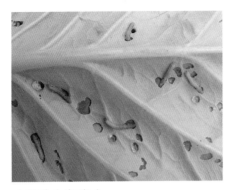

小菜蛾为害菜叶

黄曲条跳甲

瓜绢螟为害丝瓜

孔洞或缺刻，严重时将叶片全部吃光，只残留粗叶脉和叶柄，造成绝产。常见到受害叶片处有很多虫粪，污染蔬菜。

7. 小菜蛾

小菜蛾又名吊丝虫，幼虫很活跃，遇惊吓后即剧烈扭动并向后倒退，或吐丝下垂逃逸，故名吊丝虫。小菜蛾偏爱甘蓝、白菜、萝卜、花椰菜等，幼虫小的时候仅取食叶肉，留下表皮，在菜叶上形成一个个透明的斑，俗称"开天窗"。幼虫长大了可将菜叶啃食成孔洞和缺刻，严重时将全叶吃成网状。

8. 跳甲

常见的主要有黄曲条跳甲，以为害甘蓝、花椰菜、白菜、菜薹、萝卜等十字花科蔬菜为主，但也为害茄果类、瓜类、豆类蔬菜。成虫在苗期最常见到，在叶片上跳跃、取食，将叶片吃成许多孔洞。

9. 瓜绢螟

瓜绢螟又称瓜螟、瓜野螟。幼虫在蔬菜叶背取食叶肉，使叶呈灰白色斑，幼虫长大后吐丝将叶或嫩梢缀合，居其中取食，致使叶片穿孔或缺刻，严重时仅留叶脉。幼虫常啃食瓜肉，蛀入瓜果内，严重影响瓜类的产量和品质。

10. 斑潜蝇

斑潜蝇主要为害瓜类、豆类、茄果类、叶菜类等蔬菜。成虫刺伤蔬菜叶片取食和产卵。卵在叶片中孵化，幼虫潜入叶片和叶柄内，产生白色虫道；随着幼虫的成长，虫道变宽加大，严重影响叶片的光合作用。蔬菜受害严重时全叶枯萎，叶片脱落。

斑潜蝇幼虫

受斑潜蝇为害的叶片

11. 豆荚螟

豆荚螟又名豇豆螟、豆荚野螟、豆野螟等，主要为害豇豆、菜豆、扁豆、四季豆、豌豆、蚕豆、大豆等。幼虫为害花蕾、幼荚，可造成落花落荚，或在花蕾中随着幼荚长大，继续钻蛀荚内。其蛀食后期果荚则为害种子，蛀孔上堆有腐烂状的绿色粪便。

豆荚螟为害豇豆荚

三、认识蔬菜病害

1. 白粉病

白粉病在瓜类、豆类等多种蔬菜上均有发生，主要症状表现在叶片上，瓜类在茎和叶柄上也有白粉症状。刚开始发病时叶片上产生黄色小点，而后扩大发展成圆形或椭圆形病斑，表面生有白色粉状霉层，就像在叶片上撒

西葫芦白粉病

了白色粉末，后期白粉变成灰褐色，病斑联合成一个大霉斑。

2.霜霉病

霜霉病在叶菜类、瓜类等多种蔬菜上均有发生，不同蔬菜的受害症状略有差异。霜霉病主要是叶片受害，通常由下部叶片向上部叶片发展。发病初期在叶面形成浅黄色近圆形至多角形病斑，容易并发角斑病，空气潮湿时叶背产生霜状霉层，有时可蔓延到叶面。后期病斑枯死连片，呈黄褐色，严重时全部外叶枯黄死亡。

苦瓜霜霉病叶　　　　青菜霜霉病叶

3.病毒病

病毒病为瓜类、茄果类、豆类、叶菜类等多种蔬菜的常见性病害，在不同蔬菜上病症表现也不同。但常见的症状有几种：①花叶型，典型症状是病叶、病果出现不规则褪绿、浓绿与淡绿相间的斑驳，植株生长无明显异常，严重时病叶和病果畸形皱缩，植株生长缓慢或矮化，结小果，僵化。②蕨叶型，表现为病叶增厚、变小或呈蕨叶状，叶面皱缩，植株节间缩短，矮化。病果呈现深

辣椒蕨叶型病毒病　　　　西葫芦病毒病

绿与浅绿相间的花斑，或黄绿相间的花斑，病果畸形，果面凸凹不平易脱落。③黄化型，病叶变黄，严重时植株上部叶片全变黄色，同时植株矮化并伴有明显的落叶。

4.猝倒病

猝倒病是蔬菜苗期最常见的病害。受害蔬菜苗期露出土表的茎基部或中部呈水浸状，后变为黄褐色缢缩，子叶尚未凋萎，幼苗即突然猝倒，使幼苗贴附地面。有时瓜苗出土胚轴和子叶已普遍腐烂，变褐枯死。

茄苗猝倒病

5.灰霉病

灰霉病发生于瓜类、豆类、叶菜类等多种蔬菜。果实染病，小果受害重，先从柱头或花瓣多的部分感染，后向果实发展，湿度大时并生有厚厚的灰色霉层。叶片发病，从叶尖开始沿叶脉间成"V"形向内扩展，灰褐色。

黄瓜灰霉病

南瓜灰霉病

6.疫病

疫病在瓜类和茄果类蔬菜的整个生长期内均可发生，主要侵染茎、叶、果实。染病多从茎基部发生，刚开始表现为暗绿色水渍状，不久病部失水缢缩，病部以上叶片萎蔫或全部枯死。湿度大时病部可见到稀疏白霉，叶片部分或大部分腐烂，易脱落，病斑干

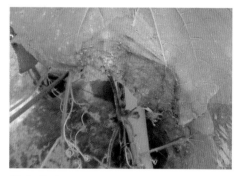

瓠瓜疫病

后变为淡褐色，手抓易破碎。

7.青枯病

青枯病主要发生于茄果类蔬菜，尤其是番茄、茄子、辣椒易发生。刚开始发病时，病株白天萎蔫，傍晚以后复原，天气高温干燥经2~3天便会全株凋萎，不再恢复正常，直至枯死，气温低、土壤潮湿时1周左右枯死，植株死后仍保持青绿。

8.豆类锈病

各种豆类蔬菜锈病的症状很相似，都是在叶片正、背面出现淡黄色小斑点，稍有隆起，渐扩大，呈黄褐色。发病重的叶子，满叶子都是锈状病斑，使全叶遍布锈粉，至后期变成黑色的粉状物。

辣椒青枯病

长豇豆锈病

苦瓜枯萎病茎开裂

9.枯萎病

枯萎病主要发生于瓜类、茄果类蔬菜，尤以瓜类的黄瓜、苦瓜发病最多，以植株开花结果后发病最重。受害植株最初表现为部分叶片或植株的一侧叶片在中午时萎蔫下垂，似缺水状，但在早晚恢复正常状。随着发病程度的加重，萎蔫叶片逐渐增多，至遍及全株，植株最终枯死。病株主蔓基部可发生纵裂，节部及节间出现黄褐色条斑。纵切病茎，可见茎部维管束变褐色。湿度大时，可见病部表面有白色或粉红色的霉状物；有时病部溢出少许琥珀色胶质物。

10. 炭疽病

炭疽病主要发生于瓜类、茄果类及豆类蔬菜。叶片上的病斑初期为水渍状小斑点，后扩大成近圆形。湿度大时，病斑呈淡灰至红褐色，略呈湿润状，严重时叶片干枯。主蔓和叶柄上的病斑椭圆形或长圆形，黄褐色，稍凹陷，严重时病斑相互连接包围主蔓，致植株部分或全部枯死。成熟果实产生水浸状凹陷塌斑，湿度大时病斑中部产生粉红色黏质物，严重时病斑连片腐烂。

11. 软腐病

白菜、甘蓝、花椰菜、萝卜等均可发生软腐病。植株晴天中午萎蔫，早晚恢复，持续几天后，叶柄基部或根颈部心髓组织溃烂，流出灰褐色黏稠状物，轻碰病株即倒折，病组织呈黏滑软腐状；腐烂的病叶经日晒逐渐失水变干，呈薄纸状。腐烂处发出恶臭味，这是该病的主要特征。

瓠瓜炭疽病　　　　白菜软腐病

四、菜医偏方

家庭种菜可以采用生活中常见的材料自己配制土农药，不仅制作简单，而且非常安全，对防治病虫害有着意想不到的效果。

自制杀虫杀菌剂的方法与效果表

杀虫杀菌剂	配制方法	使用方法	防治对象	备注
辣椒水	辣椒粉50克（或干辣椒50克，弄碎），加500毫升水，煮沸30分钟，用布过滤，冷却后使用	取一份该溶液，加入4份水，混合均匀后喷洒叶的正反面	蚜虫、菜青虫、红蜘蛛、粉虱	晴天上午10时至下午14时喷施效果最佳
烟草水	烟草末或烟丝20克，加500毫升冷水浸泡24小时后过滤	直接喷叶面，或喷洒土壤及盆底周围	蚜虫、红蜘蛛、蚂蚁、线虫、蝼蛄	
草木灰水	草木灰8克，加500毫升冷水，充分搅拌，静置3小时后过滤	直接喷洒植株	蚜虫、卷叶虫	直接将草木灰拌入土壤，可以防治根蛆
蒜液	蒜头50克捣碎，加500毫升冷水，浸泡12小时后过滤	直接喷洒植株	黑斑病、白粉病	将大蒜捣碎洒于盆土可杀灭蚯蚓、蚂蚁、线虫
洗衣粉水	取适量的洗衣粉稀释500~800倍	直接喷洒植株，每周1次，连续3~5次	蚜虫、红蜘蛛、粉虱、鳞翅目幼虫、蝶类幼虫	需喷到虫体才有效果。杀死害虫后最好用清水喷洗植株
蚊香		用塑料袋将植株连盆套住，放入点燃的蚊香，约1小时见效	红蜘蛛、粉虱	
风油精	取适量风油精加水稀释400~500倍	直接喷洒植株	蚜虫	
高锰酸钾溶液	每1升水中加入0.1~0.2克高锰酸钾溶解	直接喷洒植株	白粉病、病毒病	

杀虫杀菌剂	配制方法	使用方法	防治对象	备注
碳酸氢铵	稀释 80~100 倍	直接喷洒叶片	蚜虫，减轻疫病、病毒病	碳酸氢铵直接施用于土壤可防治地下害虫
米醋水	取适量米醋，加水稀释 150~200 倍	直接喷洒植株	白粉病、黑斑病、霜霉病	使用时加 0.5% 的洗衣粉，杀菌效果更好
醋和烧酒混合液	醋 3 毫升，35℃ 的烧酒 3 毫升，加 1 升水配制	直接喷洒植株	白粉病、黑斑病、霜霉病	使用时加 0.5% 的洗衣粉，杀菌效果更好
小苏打水	10 克碳酸氢钠，加冷水 500 毫升溶解	直接喷洒植株	白粉病	
过磷酸钙浸出液	10 克过磷酸钙，加冷水 500 毫升溶解，静置沉淀，取上清液	直接喷洒植株	棉铃虫、烟青虫	
尿洗合剂	尿素 10 克，洗衣粉 2.5 克，食盐 4 克，加水 1~1.2 升，混合溶解	直接喷洒植株	蚜虫、红蜘蛛、白粉虱	
烟草石灰水	烟丝 10 克，生石灰 10 克，水 300 毫升。先用 200 毫升水烧开浸泡烟丝 24 小时后过滤。另取 100 毫升水与生石灰配成石灰乳，过滤。使用前将两种溶液混合搅拌均匀	直接喷洒植株	蚜虫、红蜘蛛、白粉虱	使用时加 0.3% 的洗衣粉，杀虫效果更好。采收前一周不要使用

杀虫杀菌剂	配制方法	使用方法	防治对象	备注
牛奶		直接喷洒植株	蚜虫	使用时加0.5%的洗衣粉，杀虫效果更好
红糖发酵液	红糖300克加入500克清水中，经充分溶解后，再加入白衣酵母10克，放在室内发酵20天，每天搅拌一次，至表面出现白膜层为止，然后用此发酵液掺入米醋、烧酒各100克。使用时发酵液按1：100倍稀释	直接喷洒植株	细菌性斑点病、灰霉病	
南瓜叶汁液	取南瓜叶加少量水捣烂，取其滤液。以2份滤液加3份水混合，再加少量肥皂液，搅匀	直接喷洒植株	蚜虫	
苦瓜叶汁液	摘取新鲜多汁的苦瓜叶片，加少量清水捣烂，取其滤液，每千克滤液加入1千克石灰水，调和均匀后备用	幼苗根部浇灌	地老虎	
韭菜汁液	新鲜韭菜1千克，捣烂成糊状，加400~500克水浸泡后过滤	直接喷洒植株	蚜虫	

续表

杀虫杀菌剂	配制方法	使用方法	防治对象	备注
番茄叶汁液	新鲜番茄叶捣烂成浆，加2~3倍清水，浸泡5~6小时，取其清液	直接喷洒植株	红蜘蛛	
黄瓜蔓汁液	鲜黄瓜蔓1千克，加少许水捣烂滤去残渣，用控出的汁液加3~5倍水	直接喷洒植株	菜青虫、菜螟虫	

五、农药防治

　　家庭种菜不仅能给居家带来一片绿意，更重要的是能让家人吃上健康安全的蔬菜。但是蔬菜有时候生病严重，采用其他的方法防治不住时，还是需要用农药进行治疗，才能起到有效的防病治病效果。不过，在选用农药时，一定要选用低毒低残留的农药，最好是采用生物农药进行防治。采用农药进行防治时要掌握如下原则，即对症选用农药、适时施用农药、适量施用农药、轮换使用农药、合理混用农药、安全使用农药。下面是绿色蔬菜生产允许使用的生物农药。

绿色蔬菜生产允许使用的生物农药表

类别	物质名称	防治对象	使用方法
植物和动物来源	印棟素	小菜蛾、菜青虫、斜纹夜蛾、红蜘蛛、斑潜蝇	喷雾
	天然除虫菊素	菜青虫、斜纹夜蛾、甜菜夜蛾	喷雾

续表

类别	物质名称	防治对象	使用方法
	苦参碱	菜青虫、小菜蛾、甜菜夜蛾、蚜虫、红蜘蛛、地老虎、韭蛆	喷雾或灌根。不能与碱性农药混用
	小檗碱（黄连、黄柏等提取物）	白粉病、霜霉病、疫病	喷雾
	乙蒜素（大蒜提取物）	疫病、青枯病、蔓枯病、枯萎病、炭疽病，苗期立枯病、猝倒病	喷雾或灌根。对铁质容器有腐蚀作用，不能与碱性农药混用
	寡聚糖（甲壳素）	炭疽病、疫病、根腐病	喷雾或灌根
	菇类蛋白多糖（菇类提取物）	病毒病	喷雾，不能与碱性农药混用
微生物来源	多杀霉素、乙基多杀菌素	小菜蛾、甜菜夜蛾、蓟马、瓜实蝇、棉铃虫	喷雾
	春雷霉素	灰霉病、炭疽病、叶霉病、细菌性角斑病、枯萎病、疮痂病	喷雾或灌根
	井冈霉素	灰霉病、早疫病、菌核病、立枯病	喷雾或喷淋
	宁南霉素	病毒病、白粉病、根腐病、立枯病	喷雾或喷淋
	中生菌素	软腐病、细菌性角斑病、青枯病、疮痂病、姜瘟病、炭疽病	喷雾或灌根

四季蔬菜自家种

一、春季家庭菜园

黄 瓜

黄瓜

黄瓜开花

认识蔬菜

　　黄瓜也称胡瓜、青瓜，属葫芦科黄瓜属一年生草本植物，原产于印度北部地区。黄瓜是人们喜爱的蔬菜之一，在瓜类蔬菜中栽培范围最广、面积最大，广泛分布于中国各地。水果型小黄瓜外形可爱，清爽可口，更是人们喜爱的生食蔬菜之一。黄瓜的种类主要有华南型黄瓜、华北型黄瓜，还有水果型小黄瓜，食用部位是果实。

栽培季节

　　南方地区黄瓜在春、夏、秋季都可以种植。有保温设施（如家庭温室）的也可以在冬季种植。一般 3~8 月都可播种。

栽培场所

　　黄瓜适宜在阳光充足的庭院、阳台或天台等地方种植。无土栽培最好选择庭院或天台，也可以选择向阳、采光较好的阳台。

栽培容器

用较大型花盆、箱子、栽培槽栽培，深度应不低于35厘米。无土栽培通常采用基质槽、基质袋或基质条。

土壤要求

传统方式栽培黄瓜的培养土应疏松、富含有机质，可用菜园土、厩肥或堆（沤）肥、泥炭土配制。无土栽培黄瓜应采用复合基质或基质条。

播种育苗

种植黄瓜可以采用直播的方法，也可以进行育苗移栽，无土栽培则要采用穴盘育苗。春播多采用育苗，夏、秋可采用直播。种子可以干种直接播种，也可以浸种催芽后播种。采用穴盘育苗移栽可以在苗期节省管理空间。播种时将种子平放，覆土厚1厘米左右，出苗前应注意保持土壤湿润，不干不浇，浇水要在清晨或傍晚进行。如果夏、秋烈日暴晒，温度太高，可以移到室内阴凉处。一般在25~28℃条件下，3~5天开始出苗。出苗后要及时移到阳光充足处，防止光照不足形成高脚苗、弱苗。苗长至2叶1心时即可移栽，且移栽应在"冷尾暖头"的晴天傍晚较好。移栽时株距为30~35厘米。

天台种植黄瓜

黄瓜种子

栽培管理要点

1.移栽时浇足定根水，以后每天早晚浇水，保持土壤湿润，一般3~5天即可成活。黄瓜整个生长期要保持土壤湿润，大晴无雨时，每隔1~2天浇1次水。无土栽培定植后，采用营养液灌溉，保持基质湿润。

2.结合浇水进行施肥，浇肥应薄肥勤施。黄瓜从定植到开始采收共需追肥3~4次。第一次在幼苗成活后，追施1次稀薄的有机肥进行提苗；第二次在植株

黄瓜穴盘小苗

开始抽蔓时，可用0.8%复合肥浇施；第三次在小瓜出现并挂住时，继续用0.8%复合肥追施1次。进入结瓜期后，一般每采收1次瓜，追1次肥。盛果期可根据生长情况用0.2%尿素和0.3%~0.5%磷酸二氢钾进行根外追肥2~3次，以延长采收期。无土栽培浇灌营养液通常白天每2~3小时循环浇灌1次，以保持基质湿润为准。

3.当瓜蔓长至30厘米左右，植株开始攀缘生长时，应及时搭架绑蔓，引蔓上架。支架可采用2米长的细竹竿或小木棍，以细绳每隔40~50厘米绑蔓一节。支架可两株交叉搭在一起，搭成"人"字架，并在上面横架一根竹竿，防止支架倒伏。

4.引蔓应在晴天上午10时以后进行，要避免断蔓，绑蔓要轻，尽量不要损伤叶片。引蔓的同时结合整枝，及早摘除主蔓1~5节的侧蔓，以后在侧蔓雌花节以上留1~2叶摘心。

5.当主蔓长到支柱高度时摘心，防止藤蔓生长过旺，影响结瓜和滋生病虫害。后期要及时摘除下部老叶、病叶。

6.春季栽培黄瓜时，在开花结果期，外界气温较低，可以进行人工授粉促进黄瓜结瓜。一般在每天上午7~8时，采摘当天开放的雄花，将花粉涂于当日开放的雌花上。

小黄瓜结瓜状

成熟商品黄瓜结瓜状

7.黄瓜是瓜类中较耐弱光的，但如果阴天多，光照过弱，黄瓜"化瓜"现象仍然严重。春季栽培如果采用盆栽，可尽量搬至阳光充足的地方。

采收关键

一般在谢花后10~12天即可采收，高温时果实生长快，低温时生长较慢。头瓜尤其是第一个瓜要提早采收，以免影响蔓叶及后续瓜生长。果实采收得越勤，雌花形成得越多、越快。前期一般每隔 4~5 天采收 1 次，盛果期每 1~2 天采收 1 次。

食用与养生

黄瓜既可生食，也可以熟食或腌渍食用，还可以加适量开水打碎后过滤，调少许蜂蜜制成"青瓜汁"食用。水果型小黄瓜主要用来生食。黄瓜中含有丰富的维生素 E，可起到延年益寿、抗衰老的作用；黄瓜中的黄瓜酶有很强的生物活性，能有效地促进机体的新陈代谢。

菜专家叮嘱

黄瓜比较耐低温弱光，所以容易在阳台、庭院等地方种植，但如果低温、低光照持续时间过长，根系易生长不良，造成植株营养不良，则会引起黄瓜顶端不再向上生长，顶点附近的节间长度缩短，不能再形成新叶。这样会在顶点的周围形成雌花和雄花间杂的花簇，

黄瓜花打顶

呈现花抱头或密生小瓜，称为"花打顶"或"瓜打顶"。花开后瓜条不伸长，无商品价值，同时瓜蔓停止生长。因此在遇到不良天气时，要及时采收瓜条，使整体营养均衡，并施用含腐殖酸或氨基酸类及生物菌类肥料，养护根系。

现在市场上有一些吊蔓和绑蔓的专用器材，如绑蔓机、绑蔓带、吊蔓扣。采用这些器材进行绑蔓和吊蔓，可大大提高效率，而且不容易伤害植株。

小贴士：黄瓜美容

黄瓜面膜补水效果比较好，还能舒缓肌肤，很多人由于熬夜产生的黑眼圈或是眼袋都能用其有效地去除。方法是将新鲜黄瓜捣成糊状或切成极薄的薄片，加入适量牛奶、蜂蜜调匀，先在脸上敷上薄薄一层化妆棉，再将黄瓜敷或贴在化妆棉上，15~20 分钟后揭下清洗即可。

丝 瓜

普通丝瓜

认识蔬菜

丝瓜又名凉瓜、水瓜、布瓜、天络瓜，是葫芦科丝瓜属一年生攀缘性草本植物。丝瓜起源于热带亚洲，原产于印度，大约在宋朝时传入中国，是我国南方夏季主要的蔬菜之一。丝瓜主要有普通丝瓜和棱角丝瓜两种，前者全国各地均有栽培，后者主要在南方栽培较多。普通丝瓜果肉多，可食率高；棱角丝瓜有的棱较硬，去皮后可食率低。普通丝瓜比棱角丝瓜产量更高，枝叶更为繁茂，在家庭菜园中常种植于天台之上，能起到遮阳降温的作用。丝瓜的食用部位是果实。

棱角丝瓜

栽培季节

丝瓜春、夏、秋季都可种植。有些丝瓜品种特别是棱角丝瓜对光、温比较敏感，如果春季种植太迟了，就可能出现只长枝条、开雄花、少结果或不结果的现象。所以大家种植一定要及时，否则就吃不到好丝瓜了。

栽培场所

丝瓜适宜在阳光充足的庭院、天台或阳台等地方种植。丝瓜枝繁叶茂，最好选择宽敞的地点种植，还要搭起棚架，这样才能满足丝瓜生长所需要的空间。

栽培容器

丝瓜采用大型花盆、箱子、栽培槽栽培，深度应不低于35厘米。无土基质栽培一般采用基质条、基质袋或基质槽。

土壤要求

丝瓜对土壤适应性广，不过丝瓜喜肥、喜湿，宜选择土层深厚、潮湿、富含有机质的培养土，可用菜园土、厩肥或堆（沤）肥、泥炭土配制。

播种育苗

丝瓜可以直播也可以育苗移栽，要想早熟、高产就需要育苗。丝瓜种子皮厚，吸收水分慢，所以播种前要浸种8~10个小时。家庭种植可以浸种后用湿布包好催芽，温度在25~30℃，待露白后即可播种。直播时把土翻好，挖个小坑，播种后要覆土1~2厘米厚，保持湿润4~5天可出苗，以后就直接生长起来了。若采用穴盘育苗，幼苗长到3~4片真叶时就可以移栽。如果是无土栽培，那就一定要育苗后再移栽。

普通丝瓜种子

棱角丝瓜种子

栽培管理要点

1.定植成活后用稀薄的有机肥浇提苗肥，以后晴天隔3~5天浇水1次，保持土壤湿润。丝瓜耐肥，喜湿，在潮湿的环境条件下生长良好，结果多，产量高。瓜蔓上棚、开始结瓜时，各浇1次重肥，结瓜期间天旱地干要勤浇水。浇水要均匀，不可时多时少。采收1~2次就要追肥1次。

丝瓜营养袋小苗

2.丝瓜属蔓性植物，需要搭架或引蔓，家庭种植株数不多，可沿露台、屋顶、窗台的护栏攀爬。当瓜蔓达30~50厘米时要搭架、引蔓和绑蔓，促使瓜蔓上架。丝瓜分枝性较强，上架前的侧枝一般要全部剪掉。上架后，分枝可采用"之"字

丝瓜套袋防虫

形均匀引蔓，使瓜蔓在架上分布均匀。

3.丝瓜喜光照，所以要保持整体通风透光。在蔓叶生长过旺的情况下，可以在上、中、下不同部位间隔摘除部分叶片，特别是枯叶和病叶。还要摘除卷须、侧蔓和过多的雄花，要在开花前将整个雄花花枝摘除，以减少养分消耗。丝瓜基本上每个节位都可以发生雌花，营养不良时很多雌花即使开放了也会生长不良而形成畸形瓜，要及时摘除。

4.丝瓜要垂挂在枝头上，才能长直，有些长丝瓜可以在其尾部挂个适当的重物。如发现幼瓜搁在架上或被卷须缠绕妨碍生长的，要及时调整，使之垂挂下来。

5.家庭栽培数量少，可以帮助授粉的昆虫少，人工授粉是使丝瓜增产的有效办法。普通丝瓜开花时间在早晨，棱角丝瓜开花时间多在傍晚，此时摘取雄花给刚开放的雌花授粉，就可收获更多的丝瓜了。

采收关键

一般情况下，从开花到商品瓜采收需10~12天，高温则短，低温则长。当果梗光滑稍变色、瓜身饱满、果实略为柔软时，便可采收。丝瓜只要肥水充足，越是采收结果越多，每隔1~2天即可采收1次。采收宜在早晨，用剪刀在果柄下1~2厘米处剪断。夏季温度较高，剪下的丝瓜如未及时食用，可将果柄插于水中，以减缓丝瓜失水，保持果肉细嫩。

食用与养生

丝瓜以嫩果供食，食用时要去皮，可以炒食、煮汤，瓜肉细嫩柔软，清香可口。嫩果含大量的维生素、矿物质，及皂甙类物质、黏液质、木糖胶、瓜氨酸、木聚糖和干扰素等特殊物质，具有一定的特殊作用。除果实外，丝瓜花、叶、藤、籽、根等均可入药。长期擦用丝瓜汁液还具有美容嫩肤、抗皱消炎、预防和消除痤疮及黑色素沉着的作用。

丝瓜剪口

菜专家叮嘱

有的丝瓜品种种子很难吸水，即使浸种 10 多个小时也很难吸足水分，出苗困难。这时可以用剪刀（或指甲剪）剪去丝瓜种子钝部边上一点种皮，使其略微露出一点白色的果肉，再浸种就容易吸足水分，出苗也就快而整齐了。

小贴士：

老熟的丝瓜内容纤维化，形成丝瓜络。把老熟丝瓜去掉外皮，倒干净种子，一条完整的丝瓜络就出来了。丝瓜络可入药，具有调节月经、去湿治痢等药效。在家庭生活中，丝瓜络可以作为洗涤用具；有人还用来搓澡，可以刺激皮肤，具有保健功效。

瓠　瓜

认识蔬菜

瓠瓜又名夜开花、瓠子、蒲瓜等，是葫芦科蒲瓜属一年生蔓性草本攀缘植物，因多在夜间以及阳光微弱的傍晚或清晨开花，故有别名"夜开花"。瓠瓜原产印度和非洲，在中国广泛分布，以南方为主。瓠瓜从熟性上又可分为早熟瓠子和晚熟瓠子两种。根据外形不同，瓠瓜还有一种叫葫芦。葫芦又可分为长颈葫芦、大葫芦、细腰葫芦、观赏葫芦 4 种，除观赏葫芦只作为观赏外，其他 3 种葫芦的嫩果都可食用。瓠瓜的食用部位是果实。

瓠瓜

葫芦

栽培季节

瓠瓜春、秋季都可种植。南方春季 3~4 月播种，秋季 7~8 月播种。

栽培场所

瓠瓜适宜在阳光充足的庭院或天台等地方种植。晚熟葫芦枝蔓繁茂，要求较大的场地搭架栽培。

栽培容器

瓠瓜采用大型花盆、箱子、栽培槽栽培，深度应不低于 35 厘米。无土基质栽培一般采用基质条、基质袋或基质槽。

瓠瓜种子

瓠瓜种子催芽露白

营养袋播种

土壤要求

瓠瓜不耐瘠薄，宜选用富含有机质的培养土，可用菜园土、厩肥或堆（沤）肥、山皮土配制。

播种育苗

瓠瓜可以直播也可以育苗移栽，种子吸水慢，播种前应浸种催芽较好。春季可以用 3 份开水兑 1 份凉水进行浸种，然后不断搅拌浸种 10~12 个小时；秋季温度高，一般清水浸种 8~10 个小时，然后用湿布包好，保温催芽。每天应取出种子，洗净种子表面黏液后继续催芽，以防种子发霉。种子开始露出小白芽就可以播种了。播种一定要平放，覆土 1.5~2 厘米厚，浇透水，保持湿润，防止太干出苗"戴帽"。发现有"戴帽"苗要及时掰开种皮。采用育苗移栽的，幼苗长到 2~3 片真叶时就可以移栽。

栽培管理要点

1. 瓠瓜定植后生长快，温度高往往每天可以抽生 1 张叶片，在短时间内进入开花结果期，既不停地长蔓，又开花结果，因此消耗养分多，生长前期、中期都要注重施肥。

2.瓠瓜不耐旱，也不耐渍，加上叶大而薄，蒸腾量大，如遇连续高温和干旱容易造成叶片萎蔫，同样积水容易造成烂根、烂茎。因此在瓠瓜的生长过程中土壤既不能太干，也不能积水。

3.瓠瓜长到5~6节时，应及时搭架、引蔓、绑蔓。早熟瓠瓜栽培以搭"人"字架为好，绑蔓则要把瓜主蔓沿"人"字架上引，并在"人"字架上离地面40厘米、100厘米处各横拉一条线，以利于侧蔓攀缘。晚熟瓠瓜则搭棚架为好，家庭栽培可沿墙、护栏等攀爬。把主蔓引上棚架，留2~3个侧枝沿不同方向生长。绑蔓要轻，尽可能地少伤蔓叶。绑蔓最好在晴天下午进行。

4.早熟瓠瓜在主蔓长到25片叶时摘心打顶，不让其继续往高处生长，以保留养分满足下部侧蔓和瓜的生长。当侧蔓幼果挂稳后，选留一个较好的幼果，在离幼果2~3叶处摘心，同时摘去本侧蔓上多余的瓜，以保证留瓜的养分需求。晚熟瓠瓜一般不摘心，任其生长结瓜。

5.家庭栽培瓠瓜昆虫辅助授粉少，所以要人工授粉。应在傍晚开花时取雄花花粉涂于雌花上。授粉时尽量不要伤及子房，否则会造成瓜畸形和伤疤。

6.在瓠瓜生长中后期，适当摘除基部的枯老叶或病叶。盛花期要摘除过多的雄花，仅留少量雄花授粉。雄花要在开放前摘除，以减少养分消耗。底部采收瓜后的侧枝也可以摘除。

采收关键

瓠瓜以采食嫩瓜为主，在开花后10~20天果

定植

瓠瓜穴盘小苗

天台箱栽瓠瓜开始上架

天台箱栽瓠瓜开始结瓜

瓠瓜人工授粉

实即可食用。此时果实柔软多汁，品质最好。适采期的果实表面茸毛细白，颜色为淡绿色或绿白色，采收时需用剪刀在果柄处剪下。

食用与养生

瓠瓜去皮后可直接炒食或煨汤。个别瓠瓜品种因苦葫芦甙含量较高，食用后会引起中毒。因此第一次食用新种植的瓠瓜时，最好在煮食前先轻尝一下味道。

菜专家叮嘱

早熟瓠瓜结果早，而且很多品种以侧枝结瓜为主，常见于植株不大，底部分枝已经开花结果了。但是由于植株太小，营养供应不足，这类果实难以长大。家庭种植时通常第1~2个分枝先摘除，以免分枝上太早结果，影响了植株生长，从而影响了上部的结瓜。

小贴士：瓠瓜变苦不能吃

瓠瓜有时会出现苦味瓜，食用后会引起头晕、恶心、胃部不适、呕吐、腹痛、腹泻等症状。潜伏期一般为1~2小时，病程一般为24小时。瓠瓜之所以有苦味，是由于苦味瓜中含有糖苷类有毒物质。出现苦味瓜的主要原因是种子遗传，或南种北繁造成种性变化，使得植株所结的瓜为苦味瓜，与栽培管理及气候条件无关。所以遇到苦味瓜应整株拔除，以免影响其他植株。

南 瓜

认识蔬菜

　　南瓜又名中国南瓜、番瓜、倭瓜、饭瓜，为葫芦科南瓜属一年生草本蔓性植物，原产于中、南美洲。在我国普遍栽培的品种有中国南瓜和印度南瓜两类。中国南瓜的最大特征是叶脉分叉处有银白色不规则斑纹，印度南瓜叶脉无白斑，瓜柄圆形。有些小型南瓜果色鲜艳、果实精致、形状奇特、观赏性强，是良好的观赏与食用兼备的蔬菜品种。南瓜的食用部位是果实、嫩蔓、嫩叶和嫩花。

南瓜

红色南瓜

栽培季节

　　南瓜春、秋季都可种植。南方春季 3~4 月播种，秋季 7~8 月播种。

栽培场所

　　南瓜适宜在阳光充足的庭院或天台等地方种植。小型南瓜可以在采光较好的阳台种植，沿阳台攀爬，可赏可食。

栽培容器

　　南瓜采用大型花盆、箱子、栽培槽、栽培袋栽培，深度应不低于 35 厘米。无土基质栽培一般采用基质条、基质袋或基质槽。

土壤要求

　　南瓜对土质要求不严，即使在较为贫瘠的土壤条件下亦可生长良好，可用菜园土、厩肥或堆（沤）肥配制。

播种育苗

　　家庭种植南瓜一般可采用直播，也可以育苗移栽。播种前温水浸种4~6小时后催芽，待种子露白2~3毫米时选晴天播种。播种前要浇透水，播后覆土1厘米厚。育苗移栽后待苗长至2~3片真叶时即可定植，株距50~60厘米。

南瓜种子

栽培管理要点

　　1.幼苗期保持培养土湿润，前期不宜施化肥过多，多施有机肥，拔节伸蔓后开始追肥1次。开花结果期需肥量增加，一般每10~15天用0.5%复合肥追肥1次，并保持土壤湿润。

　　2.在植株长到30~40厘米时要搭架、吊蔓、引蔓，架高1.5~2米，可充分利用栅栏、围墙等。很多小型南瓜是以主蔓结瓜的早熟品种，可采用单蔓整枝。如果以采收嫩瓜为主的中晚熟品种，可采用多蔓整枝，一般在主蔓8~9片叶时摘心，留3~4条侧蔓向上攀爬，每个蔓留瓜1~2个。在南瓜生长过程中应及时摘除下部的老叶、病叶。

　　3.家庭栽培为了确保小瓜正常生长，应进行人工授粉。在每天上午8~9时，摘下当天开放的雄花，去除花瓣，花药对着雌花的柱头涂擦几下即可。尽量采用异株雄花进行授粉，以提高授粉效果。注意在授粉过程中尽量不要用手碰伤小瓜，以免影响小瓜生长，形成畸形瓜，甚至导致落果。无用的雄花在未开放前摘除，减少营养消耗。

　　4.食用嫩蔓、嫩叶及叶柄的南瓜在8~10片叶时摘心，以促进发生侧蔓。侧蔓长30~50厘米时采收，每条侧蔓保留3~5片叶，确保新蔓萌发。每采收1次即追施1次以氮肥为主的稀

天台箱栽南瓜引蔓上架

南瓜雄花

南瓜雌花

薄腐熟有机肥。

采收关键

早熟南瓜在开花后 15~20 天即可采收嫩瓜，老瓜一般在开花后 40 天以上才能充分成熟。老熟南瓜果皮变硬，果面出现白粉，果柄变硬。摘瓜时最好留 3~4 厘米长的果柄，以利于贮藏。

食用与养生

南瓜嫩瓜可炒食，老瓜可煮食、蒸食，瓜子还可以晾干后炒食。老熟南瓜贮藏一段时期后，味道更甜。南瓜尤其适合中老年人食用，有一定的降血糖、降胆固醇的功效，对防治糖尿病有较好效果。南瓜还含有葫芦巴碱、南瓜籽碱等抗癌成分。

菜专家叮嘱

家庭种植应选择小型南瓜的早熟品种，不需要太大的空间来搭架，每株结 2~4 个瓜，而且瓜型小，适合现代家庭的食用量。同时，小型南瓜品质优良、颜色丰富、鲜艳，可美化家居。

小贴士：

南瓜保存期很长，在上面刻些吉祥话，既有观赏价值又有保存价值。南瓜受伤的表皮愈合后，略微凸起的伤疤会形成立体感颇强的浮雕。刻字要选择瓜刚泛黄时（成熟前 20~30 天）进行，这样在瓜成熟后才能变成凸起的文字。但这个时候的瓜蒂很嫩，稍有碰扭，瓜容易掉落，因此刻字时一定要小心。

南瓜刻字状

南瓜嫩梢、嫩花也可以食用。种植过程中可以采摘长势比较旺盛的南瓜嫩梢，一般采摘长度在 10 厘米左右，这样还能有效地控制南瓜徒长。南瓜的雄花多，可以采摘次日开放的嫩花。采摘的嫩梢、嫩花可以炒食或经开水焯后依个人口味拌食。

苦 瓜

苦瓜

认识蔬菜

　　苦瓜又名凉瓜、锦荔枝、癞蛤蟆，为葫芦科苦瓜属一年生攀缘性草本植物。苦瓜一般被认为原产于热带地区，在南亚、东南亚、中国和加勒比海群岛均有广泛的种植。苦瓜从果实形状上分有短圆锥形、长圆锥形、长条形3种，从果实表面特征来分有表面光滑和表面粗瘤两种，其食用部位是果实。

苦瓜雌花

苦瓜雄花

栽培季节

　　苦瓜春、秋季都可种植。南方春季3~4月播种，秋季7~8月播种。春季如果种植太晚，开花结果时遇到高温，影响苦瓜雌花开放，会出现只开雄花不长瓜的现象。

栽培场所

　　苦瓜适宜在阳光充足的庭院或天台等地方种植。因苦瓜枝繁叶茂，需较大面积攀爬，一般不适于在阳台种植。

栽培容器

　　苦瓜采用大型花盆、箱子、栽培槽、栽培袋栽培，深度应不低于35厘米。无土基质栽培一般采用基质条、种植箱、基质袋或基质槽。

土壤要求

苦瓜对土壤的适应性较广，以在肥沃疏松，保水、保肥力强的壤土上生长良好。苦瓜忌连作，种过瓜类的土壤，如果没有经过消毒，不宜用来种苦瓜，最好以种过白菜、葱蒜类蔬菜的土壤为宜。可用菜园土、厩肥或堆（沤）肥、山皮土配制。

播种育苗

苦瓜多采用育苗移栽。苦瓜种皮坚硬，播种前要浸种催芽。通常春季要浸种 10~16 个小时，秋季也要浸种 8~10 个小时。然后用湿布包好催芽，每天应取出种子，洗净种子表面黏液。一般 3~4 天即可陆续发芽。每天应将露白的种子挑出播种，种子要平放，覆土 1~1.5 厘米厚。播种后保持土壤湿润以防表土板结，影响出苗和造成瓜苗"戴帽"出土。待苗长到 2 叶 1 心时即可移栽。

苦瓜种子催芽露白

种子出苗顶土

栽培管理要点

1.定植后 2~3 天，要及时补充水分，促进幼苗成活。若遇高温天气，应早晚各浇水 1 次。幼苗成活后，保持土壤湿润而不积水即可，并结合浇水用稀薄的有机肥或腐殖酸肥追施 1 次提苗肥。进入结果期后需水量大，应注意多浇水，保持土壤湿润。

2.苦瓜开始开花结果时，要追施 1 次促瓜肥。采收第一次瓜后浇施 1 次有机肥，以后每采收 1~2 次瓜就要追肥 1 次，并且随着植株越长越大，追肥浓度也应加大。

3.瓜苗长至 30 厘米左右时，应搭架引蔓，可以搭"人"字架、篱笆架或棚架。人工引蔓、绑蔓宜每隔 4~5 节绑蔓 1 次，直至主蔓及分枝可自身攀缘上架。绑蔓要在上午 9 时以后进行，以防断蔓。

苦瓜穴盘小苗

盆栽苦瓜引蔓

苦瓜套袋防虫

4. 当主蔓出现第一个小瓜后，开始整枝，将其基部侧枝全部剪去；当主蔓出现连续几个小瓜时，将第一个小瓜摘去，保持小瓜间有2~4个空节；当采收两次瓜以后，看侧枝1~4节有无小瓜，有则保留侧枝，无则从分枝基部剪去；中后期枝蔓生长旺盛，及时剪除无瓜老蔓、细弱侧枝，留生长势强的有瓜枝和嫩壮枝。

5. 春季栽培若遇低温阴雨天，常出现先开雌花，后开雄花的现象，且花粉量少，自然授粉较为困难。在雄花不足期间，于每天下午采摘次日开放的雄花存于室内，或早晨采收当日开放的雄花，于上午7~8时雌花开放时，取备用的雄花授粉。

采收关键

苦瓜以食用嫩瓜为主，坐果后的果实发育较快，应及时采收。温度低时开花授粉后20~25天可采收，温度较高时开花授粉后15~20天即可采收。采收的标准一般看瓜面油亮有光泽，瘤状突起膨大，瓜顶端开始发亮时采收为宜。

食用与养生

苦瓜营养丰富，维生素含量很高，可炒食、凉拌、做汤等，也可以切片晒干制成苦瓜茶。但苦瓜性凉，脾胃虚寒者不宜多食。苦瓜中含有能抗艾滋病毒的苦瓜蛋白。苦瓜虽苦，和其他菜一起煮时，却从不会把苦味传给"别人"，所以苦瓜又有"君子菜"的雅称。

菜专家叮嘱

苦瓜种皮厚，吸水困难，播种后发芽难，而且出苗不整齐，常出现有些苗都可以栽种了，另一些才开始出苗的现象。在播种前可以用钳子轻轻剪开闭合的种皮尖端，但不能让种皮完全脱落，这样水分就容易被吸收，发芽快而整齐。

西葫芦

认识蔬菜

西葫芦又名茭瓜、白瓜、番瓜、美洲南瓜、云南小瓜，是葫芦科南瓜属一年生草本植物，原产北美洲南部，所以又称为美洲南瓜，现广泛栽培。西葫芦多数品种主蔓优势明显，侧蔓少而弱，结果集中在一起，俗称"一窝蜂"，很多品种具有良好的观赏性，如飞蝶西葫芦、黄皮西葫芦。其食用部位是幼嫩果实。

西葫芦

黄皮西葫芦

栽培季节

西葫芦一般在春、秋季种植，南方春季 2~3 月播种，秋季 8~9 月播种。西葫芦较耐低温，不耐高温，春季种植时不宜太晚，可以比一般瓜类略早播种。

栽培场所

西葫芦适合于庭院、阳台或天台等地方种植，单株占地面积小，对场地的要求不需太大。

栽培容器

西葫芦可采用较大花盆、箱子、栽培槽、栽培袋栽培，容器深度不低于 30 厘米。无土基质栽培一般采用基质袋或基质槽。

土壤要求

西葫芦对土壤的适应性较广，以在肥沃疏松，保水、保肥力强的壤土上生长良好，产量高，可用菜园土、厩（堆）肥加少量草木灰配制。

西葫芦种子

播种育苗

西葫芦一般采用穴盘或营养袋育苗移栽，也可以在催芽后直播。春季栽培前期温度低，最好采用育苗后移栽，这样便于管理；秋季栽培育苗期较短，赶早播种可充分利用前期自然条件促进雌花发生。播种前挑选壮实、饱满的种子，剔除秕粒及病虫粒。种子播前常温下浸泡 7~12 小时，把种皮上的黏液搓洗干净，用湿布包住催芽，待种子露白后就可以播种，苗长到 2~3 片真叶时就可以移栽了。

栽培管理要点

1. 定植后浇缓苗水，5~7 天随浇水施稀薄有机肥，以促进幼苗生长，以后当陆续出现雌花时，再追施 1 次养花肥。开花后蔓叶、雌花、果实同时迅速生长，应及时在离根部 10~15 厘米处开穴施重肥，以达到促花保果的作用。

2. 在长出第一个瓜之前，若土壤不干则不浇水。当第一个瓜采收后，根据土壤湿度，每隔 5~7 天浇 1 次水。

3. 西葫芦雌花虽多，但雌花常先于雄花开放，春季种植早期温度低，提倡人工授粉，保花保果。人工授粉应在上午 9~10 时进行为好，1 朵雄花可以授粉多朵雌花。

4. 西葫芦每个叶腋间会长出多个小瓜，只需留 1 个正常生长的小瓜，多余的应尽早摘除，可减少养分消耗，促进小瓜生长。雄花一般仅留少量，可以保证授粉即可。

5. 西葫芦常在主蔓上连续结果，开花结果后要及时摘去侧芽，并适当摘去下部老叶，保证通风和果实发育，同时可避免湿度过大引起烂果和病害发生。

西葫芦穴盘小苗

采收关键

西葫芦主要以采收嫩瓜为主，提倡食用小瓜，不用去皮和瓜瓤。一般不高于 250 克重时就应采收。春季前期温度低，雌花开放至采收需 15~20 天，后期温度较高，生长较快，8~9 天便可采收。提早采收有利于后面小瓜的生长，特别是第一个瓜有"头瓜不收二瓜不长"之说，所以头瓜在较小时就应采收。采收西葫芦最好在早晨，这样果实内部温度低，有利于保持营养品质。

西葫芦盆栽小苗

食用与养生

西葫芦含有多种营养成分，味道清香，营养丰富，嫩瓜可炒食、做汤或做馅。西葫芦含有一种干扰素的诱生剂，可刺激机体产生干扰素，提高免疫力，发挥抗病毒和肿瘤的作用。

袋栽西葫芦

菜专家叮嘱

大部分西葫芦都是短蔓或无蔓的品种，但也有一些西葫芦品种是长蔓型的。长蔓型的品种可爬地栽培，也可以像其他瓜类一样搭架栽培。爬地栽培则要留出足够的空间，以免生长空间不足，枝蔓交错。

佛手瓜

佛手瓜

佛手瓜雌花

认识蔬菜

佛手瓜又名合掌瓜、丰收瓜、万年瓜、拳头瓜、寿瓜等，属葫芦科佛手瓜属多年生攀缘性宿根性草本植物，在我国江南地区栽培较为普遍。其瓜形如两掌合十，有佛教祝福之意，因此深受人们喜爱。其食用部位是果实、嫩梢。

栽培季节

佛手瓜一般在春季育苗种植，夏、秋采收。南方春季3月播种。

栽培场所

佛手瓜枝繁叶茂，占地面积大，适宜在庭院或天台等地方种植。

栽培容器

佛手瓜采用大型箱子、栽培槽栽培，深度应不低于70厘米。这是由于佛手瓜是多年生蔬菜，要求栽培容器有足够的空间供其根系生长。

土壤要求

佛手瓜在土质肥沃、疏松和保肥保水力强的土壤上生长良好，可用菜园土、厩肥或堆（沤）肥配制。

播种育苗

佛手瓜既可用种瓜繁殖，也可以用扦插育苗。扦插育苗时剪取嫩梢，把下面的叶片剪掉，在沙里扦插，保温保湿，一般十几天即可生根。家庭种植最好采用种瓜育苗，这样更方便。在秋季选择老熟的种瓜，放在花盆湿沙里低温保存过冬，不浇水以控制生长。春季温度回暖时，将种瓜重新放于装好营养土的花盆中，花盆直径不小于50厘米，覆土5~6厘米厚，置于15~20℃的室内保湿15~20天。当根和芽从瓜的顶端长出后，放在阳台上继续生长，保持温度20~25℃，并保证光照充足，促进幼苗生长。通常留2~3个健壮的芽，其余弱的幼芽去掉，对生长过旺的瓜蔓留4~5叶摘心，以控制生长，促其发侧芽。当外界温度合适时即可定植，一般家庭种植定植1~2株即可。

佛手瓜果实催芽

栽培管理要点

1. 定植时将育苗花盆取下，带土入穴，然后埋土。定植后浇透水，促进缓苗。前期可在幼苗根部覆盖干草或旧棉布增温，促进生长发育。

2. 前期苗小浇水量要少，以免造成烂根。当表土发干时才浇水，要中耕松土多次，促进根系发育。夏季温度高，要勤浇水，保持土壤湿润。秋季进入生长旺期，对肥水需求量大，要加强水肥管理，以

佛手瓜分株苗定植

促进地上部的发育，多生侧枝，为开花结果奠定基础。除了要在根部多次施用腐熟的有机肥外，还可在叶面喷施氨基酸肥、磷酸二氢钾肥2~3次。

3. 瓜蔓长到30厘米以上时要搭棚架，同时引蔓上架。佛手瓜生长量大，棚架需高大牢固，高1.5~2米。

4. 佛手瓜分枝能力强，定植后较长一段时间，蔓生长慢，基部易生长侧枝，常形成丛生状，影响茎蔓伸长和上架。应及时去除基部多余侧枝，仅留2~3个枝蔓上架，并使枝蔓向棚架四周均匀分布生长。

5. 枝蔓上架后若不影响通风透光，一般不再去除侧枝，任其生长，并经常调整枝蔓生长方向，使其分布均匀。

6. 为保证植株安全越冬，入冬前要把果实全部采完，在根部用干草或旧棉布覆盖保温。佛手瓜最长寿命可达30多年，生产上一般只用3~4年。

采收关键

一般在谢花后15~25天，瓜皮颜色未变淡时及时采摘。进入采收旺季，每隔2~3天采摘1次，采摘时应轻拿轻放。采摘后未能及时食用的，可用白纸包好贮藏。

食用与养生

佛手瓜嫩果可以生食凉拌、炒食、做汤、做馅、盐渍、酱制等。嫩梢可炒、凉拌等。

菜专家叮嘱

佛手瓜种植第一年结果不是最好，第二年起才进入盛产期。入冬后，佛手瓜地上部枝叶干枯，可在离地面15~20厘米处剪断茎蔓，以防上部的枯枝腐烂病菌侵染下部根茎。来年地下部又可再发新枝，而且结果更盛。

番 茄

番茄

番茄开花

认识蔬菜

番茄别名西红柿、洋柿子、番柿等，是茄科番茄属中以成熟多汁浆果为产品的一年生或多年生草本植物，果实具有一种特殊的风味。番茄原产于南美洲西部安第斯山脉，是我国最主要的蔬菜栽培种类之一，品种多，果实有大红、粉红、绿色等，多个果实成串结果，家庭种植不仅美观，而且实惠。番茄从生长习性上可分为有限生长型和无限生长型两种。有限生长型品种植株矮小，开花结果早而集中，采收时间较短，前期产量较高；无限生长型品种开花结果期长，总产量高，采收时间也较长。其食用部位是果实。

栽培季节

番茄一般在春、秋季种植，在不下霜的南方城市，或者有家庭小温室的可以越冬栽培。每年11月份开始育苗，保温越冬，翌年2月下旬大苗定植，也可以在3月直接育苗。秋季种植一般在6月下旬至7月育苗。

栽培场所

番茄适合在庭院、阳台或天台等地方种植。要求在采光较好的地方种植，有利于结果。

栽培容器

较大花盆、箱子、栽培槽都可栽培番茄，深度30厘米以上。番茄也可以采用无土基质栽培，可用基质条、基质袋或基质槽等。

基质槽栽番茄小苗

土壤要求

番茄对土壤的适应性较强，喜土层深厚、富含有机质的肥沃壤土。要想番茄生长结果好，就要土壤疏松肥沃，而且肥效持续时间长，这样才能果大、果多。可用未种过茄科蔬菜的菜园土加腐熟有机肥配制。番茄也比较适合采用无土有机基质进行栽培。

播种育苗

番茄家庭种植一般采用育苗移栽的方式。育苗土尽量采用市场上销售的正规育苗基质，由于家庭种植数量较少，最好采用穴盘育苗或育苗袋育苗，这样可以防止土传病害发生。番茄种子易带病菌，播种前要进行种子消毒、浸种和催芽处理。如果买回来的种子表面已经包了一层明显颜色的药剂包衣，一般不用浸种，可直接干种直播。播种前基质先浇透水，待水渗下2~3小时后再播种，每穴（袋）1粒，然后盖土0.5~1厘米厚，春季出苗前覆盖薄膜保温。

番茄苗在光照不足的条件下容易长成细弱、节间

基质条无土栽培番茄

番茄种子

番茄整枝

天台盆栽番茄

箱栽番茄结果

长的高脚苗，称为"徒长"。所以春季苗期要尽量"抢光"，多放在阳光可以照到的地方，少浇水，一般不干不浇。待苗长至5~6片真叶时即可移栽，株距40~45厘米。

栽培管理要点

1.整个生长期要保持土壤湿润，做好水分供应。水分管理原则是：定植时浇透，开花前轻浇，结果后重浇。结果期水分供应不能时多时少，否则果实容易开裂，准备采收前可适当减少浇水。

2.整个生长期需追肥4~5次。前期追肥以氮肥为主，辅以磷钾肥；后期以磷钾肥为主，根据苗情补施氮肥。无土基质栽培应用营养液循环浇灌，一般白天每2~3个小时浇1次。

3.番茄不论是无限生长型的还是有限生长型的都要搭架，当植株长至30~35厘米高时需要及时搭架和绑蔓，以防倒伏。一般搭"人"字架，绑蔓时尽量与支架靠紧，但不能过于束缚主茎。也可采用吊蔓方式，将枝秆轻轻绕于吊绳向上生长，并采用吊蔓扣固定，使蔓不易滑落。

4.采用单秆或双秆整枝的方法。双秆整枝是在第一朵花以下留一个分枝，把其余的侧枝全部摘除；单秆整枝仅留一个枝条。吊蔓栽培一般采用单秆整枝。往后2~3天摘除1次侧芽，可以见芽就摘。

5.番茄通常一穗花上有多个果实，每株可以连续向上结果多穗。为了不让营养分散，集中供应，结出好果实，当每株结4~6穗果时应摘除顶端，限制植株向上生长，并且每穗果在鸡蛋大小时留3~4个长势均匀的果。

6.当基部叶片生长到一定时间后会形成又大又厚的老叶，不仅消耗大量养分，还会造成底部通风透光不良，所以要及时摘除这些老叶，以改善植株间的通风和透光状况，减少病害发生。

7.番茄开花坐果期对温度十分敏感，过低或过高温度都会引起落花。果实在20~30℃均可着色，超过温度范围则着色不良。春季栽培要注意保持充足光照，提高温度。

采收关键

家庭种植番茄主要是自己食用，除非个人喜食青熟番茄外，一般要在果实完全转色成熟后再采收。采收过早，糖分含量低，品质低，口感差。采收最好在傍晚气温较低时进行，秋番茄后期如遇霜冻天气，应在霜前采收。采收的果实如未完全成熟，可用纸箱装好，放于室温下3~4天即可成熟。

食用与养生

番茄可生食、炒食，也可加工成番茄酱，还可加糖凉拌，别有一番风味。番茄果实营养价值高，含丰富的可溶性糖、有机酸、维生素C、矿物质、番茄红素等，具有生津止渴、健胃消食、清热解毒的功效，经常食用番茄还有美容的作用。

菜专家叮嘱

番茄在前期低温时会授粉不良，造成果实生长不良，甚至落花落果，可将激素喷在花上促进结果。但家庭种植以食用绿色安全的产品为目的，因此可进行人工授粉，方法是在开花的上午8~10时，轻轻震动整串花，或用电动牙刷震动小黄花，以帮助花粉掉出来完成授粉。

小贴士：

食用前将开水浇在番茄上，或者把番茄放入开水里焯一下，番茄的皮就能很容易地被剥掉。

或者把番茄从尖部到底部都细细地用勺刮一遍，再用手撕番茄皮就很容易了。

樱桃番茄

樱桃番茄

认识蔬菜

樱桃番茄又叫袖珍番茄、迷你番茄，市场上也称其为圣女果，属茄科番茄属一年生草本植物。因其结果时每个花序有数十至百朵花，果色中以红色居多，远远看上去像一颗颗樱桃，故此得名樱桃番茄。现在的樱桃番茄品种多样，颜色也更为丰富，特别是一些紫色、黄色的品种在市场上备受人们喜爱。樱桃番茄跟普通番茄一样可分为有限生长型和无限生长型两种。有限生长型在生长到一定高度后顶芽自动分化为花序，不再长高；无限生长型则连续生长，株高达 2 米以上。樱桃番茄食用部位是果实。

基质袋栽樱桃番茄

栽培季节

樱桃番茄一般在春、秋季种植，在不下霜的南方城市，或者有家庭小温室的可以越冬栽培。每年 11 月份开始育苗，保温越冬，翌年 2 月下旬大苗定植，也可以 3 月直接育苗。秋季种植一般 6 月下旬至 7 月育苗。

栽培场所

樱桃番茄适合于阳光充足的庭院、阳台或天台等地方种植，既可观赏，又可食用。光照不足结果少而小。

栽培容器

较大花盆、箱子、栽培槽都可栽培樱桃番茄，深度 30 厘米以上。樱桃番茄也可以采用无土基质栽培，可用基质条、基质袋或基质槽等。

土壤要求

樱桃番茄对土壤的适应性较强，喜土层深厚、富含有机质的肥沃壤土。可用未种过茄科蔬菜的菜园土加腐熟的有机肥配制。其比较适合采用无土基质栽培。

播种育苗

樱桃番茄种子价格高，一般采用育苗移栽的方式。育苗土应是没有种植过茄科蔬菜的园土或育苗基质。播种前进行种子消毒、浸种和催芽处理。如果买回来的种子表面已经有包了一层明显颜色的药剂包衣，一般不用浸种，可直接干种直播。播种前基质先浇透水，待水渗下 2~3 小时后再播种，每穴（袋）1 粒，然后盖土 0.5~1 厘米厚，春季出苗前在上面覆盖薄膜保温。当苗长到 4~5 片叶时就可以移栽了。苗期有时会出现无心叶或只有一片畸形心叶

樱桃番茄种子

的苗，成为废苗，应及时拔除。其他的育苗管理细节可参照番茄育苗方法进行。

栽培管理要点

1.刚定植后苗小，应适当控制水肥，避免徒长。徒长苗节间伸长，茎秆脆嫩，株高与茎粗、叶片数等比例失调，植株长得细弱。这个时期特别要注意光照，光照不足易徒长。

2.整个生长期要保持土壤湿润，做好水分供应。水分管理原则是：定植时浇透，开花前轻浇，结果后重浇。结果期水分供应不能时多时少，否则果实容易开裂，准备采收前可适当减少浇水。

3.整个生长期需追肥 5~6 次。前期追肥以氮肥为主，并且多施有机肥，辅以磷钾肥；后期以磷钾肥为主，根据生长情况补施氮肥。无土栽培一般每

樱桃番茄穴盘苗

盆栽樱桃番茄

天2~3个小时浇灌1次营养液。

4.樱桃番茄不论是无限生长型的还是有限生长型的都要搭架，当植株长至30~35厘米高时需要及时搭架和绑蔓，以防倒伏。一般搭"人"字架较为简单，如果有条件固定支架，搭直立的架子更有利于生长。绑蔓时尽量与支架靠紧，但不能过于束缚主茎，有吊蔓扣的可以采用吊蔓扣固定，不易伤茎秆。

5.现代栽培多采用单秆或双秆整枝，种得稀可以采用双秆整枝，种得密则要采用单秆整枝。单秆整枝日常管理更方便，更有利于采光、通风。无土栽培情况下多采用单秆整枝。双秆整枝即在第一花序下留一侧枝，把其余叶腋产生的侧枝全部摘除，往后2~3天掐1次芽，可以见芽就掐。单秆整枝则只留主秆，其余的全部摘除。

6.当基部叶片生长到一定时间后会形成又大又厚的老叶，消耗大量养分，而且会造成基部通透性不良，所以要把这些老叶及时摘除，以调节植株间的通风和透光状况。

采收关键

樱桃番茄以鲜食为主，果实成熟时应及时采收。一般在整个果实完全变红或七八成转色时采收，整串果实陆续成熟可分次采收。在果实完熟期采收，品质佳、营养成分高。樱桃番茄由于外观优雅、口感脆嫩、营养丰富，是人们休闲消费的重要果用蔬菜。

食用与养生

樱桃番茄是非常好的营养保健食品，具有清热除火、养肝、消食、止血凉血、抑癌抗瘤、增强免疫力的作用，尤其适合现在人们追求天然和健康的潮流。其外观玲珑可爱，口味香甜鲜美，风味独特，可以作为水果生食，是一种热量低、含水量高的蔬菜品种。

菜专家叮嘱

　　樱桃番茄每穗果实结果数量多，所以人工授粉显得更加重要。有些樱桃番茄品种同一穗上的果实成熟期大致相同，采收时可以同时采收，而且这类品种具有较强的观赏性。加强人工授粉可保障果穗结果均匀。

小贴士：

　　樱桃番茄品种花色较多，果实颜色有红色、粉红色、紫色、绿色、黄色等，果型也有圆形、梨形、椭圆形等，果实大小不等。家庭种植时可以选择不同的品种，既可以欣赏不同花色，又可以品尝各异的风味。

茄 子

认识蔬菜

　　茄子别名矮瓜、落苏、紫茄、白茄等，是茄科茄属以浆果为产品的一年生或多年生草本植物。茄子种类较多，就果实颜色来分有白色、绿色、紫色、墨紫色。茄子原产于东南亚热带地区，是我国各地普遍栽培的蔬菜种类之一。茄子适应性强，栽培容易，供应期长，产量高，适合于家庭栽培。其食用部位是果实。

茄子

茄子开花

天台无土基质槽栽茄子

茄子种子

栽培季节

茄子一般在春、秋季种植，在不下霜的南方城市，或者有家庭小温室的可以越冬栽培。每年11月份开始育苗，保温越冬，翌年2月下旬大苗定植，也可以3月直接育苗。秋季种植一般6月下旬至7月育苗。

栽培场所

茄子适合于庭院、阳台或天台等地方种植，既可观赏，又可食用。

栽培容器

较大花盆、箱子、栽培槽、栽培袋都可栽培茄子，深度30厘米以上。无土基质栽培一般采用基质条、基质袋或基质槽。

土壤要求

茄子在肥沃和贫瘠土壤中都可以生长，而且耐肥，在肥沃土壤中也不容易徒长。茄子生长结果期长，整体上需肥多，宜选用土层深厚、保水性强的土壤种植。可用未种过茄科蔬菜的园土、腐熟有机肥加泥炭土配制。

播种育苗

茄子种子发芽慢，播种前要浸种催芽，以促进发芽，防止病害及增强幼苗抗性，可用温水浸种10~12小时后催芽。春季温度低，可用自制催芽箱进行催芽，秋季一般在常温下直接催芽。当种子露白时就可以播种。家庭种植多采用育苗盘或育苗袋进行育苗，当苗长至5~6片叶时就可定植。

栽培管理要点

1.出苗后要放置于光照良好的地方，适当控制浇水，培育壮苗，以免发生病害。茄子小苗在高湿条件下易得猝倒病。

2.定植成活后要及时中耕松土，促进根系向纵深方向发展，并追肥1次。开始挂果后要追肥1次，以后视植株长势，一般每采收1次果，追肥1次。前期多施有机肥加速效氮肥为主，挂果后要结合施用磷钾肥。

3.整个生长期要保持土壤湿润，盛果期要浇足水。第一朵花以下的分枝要全部摘除，当采收第一、第二层果实后，要摘去基部过多的老叶，加强通风透光，减少消耗养分。

4.茄子植株高大，为了防止茄子倒伏，在开花坐果前要搭架。一般用细竹竿每株插一根，并将枝条固定。

茄子穴盘苗

采收关键

茄子果实采收的适宜时期，可以通过看萼片与果实相连的地方，有一条白色的带状环，俗称"茄眼睛"。这条白色带宽表示茄子生长快，如果环带不明显，表示果实生长缓慢，一般以此为采收标志。茄子第一个果（门茄）要尽早采收，以促进后期挂果。采收的最佳时间最好在早晨，其次在傍晚，不要在中午采收。

茄子整枝

食用与养生

茄子鲜果营养丰富，富含蛋白质、碳水化合物、矿物质和维生素，特别是维生素 P 含量高，为各种蔬菜之首。维生素 P 能维持毛细血管的通透性，促进毛细血管壁的修复，防止微血管破裂。此外茄子还有降低胆固醇的作用。茄子要带皮吃，因为表皮与果肉连接处，维生素 P 的含量最高。

采收茄子果实

菜专家叮嘱

茄子发芽慢，其种子还有一定的休眠现象，影响了发芽。可以用赤霉素原药（920）浸种，方法是赤霉素原药粉剂用少许白酒化开后，按每克加水 10 千克的比例配好，浸种 10~12 小时，洗净后催芽播种，可以明显提高发芽率和出苗整齐度。这种方法使用的药物在茄子后期生长中没有残留，食用安全。

辣椒

辣椒

辣椒开花

认识蔬菜

辣椒又名番椒、海椒、辣子、辣角、秦椒等，属茄科辣椒属一年或多年生草本植物，食用部位是果实。辣椒包括带辣味的辣椒和甜椒，原产于中南美洲热带地区。辣椒由于适应性强，在我国栽培非常广泛。辣椒依果实和生长习性不同，可分为灯笼椒、长椒、圆锥椒、簇生椒等。

栽培季节

辣椒露地一般在春、秋季种植，南方无霜区或有家庭小温室的可以越冬栽培。每年11月份开始育苗，保温越冬，翌年2月下旬大苗定植，也可以3月直接保温育苗。秋季种植一般6月下旬至7月育苗。

基质条栽培辣椒

栽培场所

辣椒适合于庭院、阳台或天台等地方种植。

栽培容器

较大花盆、箱子、栽培槽、栽培袋都可栽培辣椒，深度30厘米以上。无土基质栽培一般采用基质条、基质袋或基质槽。

土壤要求

辣椒耐肥性强，肥水充足时茎叶发育旺盛，宜选用土层深厚、富含有机质的疏松土壤种植。可用2~3年未种过茄科蔬菜的菜园土、腐熟有机肥加山皮土配制。辣椒较适合无土基质栽培。

播种育苗

辣椒播种前要浸种催芽，以促进发芽，防止病害及增强幼苗抗性，可用温水浸种8~10小时后催芽。春季温度低，可用自制催芽箱进行催芽，秋季一般在常温下直接催芽。当种子露白时就可以播种，家庭种植多采用育苗盘或育苗袋进行育苗。当苗长至5~6片叶时就可定植了。春季为了早熟也可以培育大苗种植，种子提早直接播在疏松土壤中，1~2片真叶时再将苗移入直径8厘米左右的营养钵中生长，以培育大苗，待苗长到8~10片叶时再移栽。

辣椒种子

辣椒种子催芽

栽培管理要点

1.出苗后要放置于光照良好的地方，注意控制水分，以免徒长，原则上不干不浇。定植后至结果前，可以结合浇水，用稀薄有机肥加少量速效肥料追施1次提苗肥。以后土壤开始表面见干时，及时浇水，促进植株根系发育。

2.第一个果实（门椒）结果后，结合浇水，再追施1次肥料。植株大量结果时，浇水与施肥应交替进行，保持土壤湿润，湿度过高易引起落花落果。一般每7~10天追施1次腐熟的有机肥，根据苗情适当追施复合肥。

3.当主干开始分叉时要及时修剪，将主干以下分枝全部摘除，否则会消耗养分，并抑制植株顶部的分枝生长。侧枝应在较小时除去，以免伤及植株，中部的分支侧芽可适当留取。

4.有些植株较大的类型，为防止植株倒伏，坠断果枝，在开花坐果前要搭架。一般用细竹竿插在四周并将枝条固定，或采用细绳吊挂枝条。

5.辣椒喜中等强度的光照，夏季温度较高时要适当遮阴，特别是利用家

辣椒穴盘苗

盆栽辣椒中苗

辣椒抹芽

庭小温室栽培的，更要避免高温灼伤果实。

6.生长中后期还要经常摘去植株下部的老叶，使植株有良好的通风透光环境。

采收关键

一般花谢2~3周后，辣椒果实已充分长大，果肉厚、坚实、色深而具有光泽时采收，做干辣椒用应在红熟时进行采收。门椒和对椒可适当提早采收，有利于促进植株生长和上部结果。采摘以早晨为宜，连果柄一起摘下。

食用与养生

辣椒营养丰富，富含人体所必需的维生素、矿物质、纤维素、蛋白质、碳水化合物等，尤其是维生素 C 含量很高。辣椒有温中下气、开胃消食、散寒除湿的作用。有些朝天椒和五彩甜椒类型，不仅可以食用，还有很好的观赏效果。辣椒可炒食、腌渍或作调味品。

菜专家叮嘱

辣椒品种差异较大，对于大果型的辣椒，整枝时留4~6 个分枝结果就可以，以免分枝过多影响结果。对于小果型的辣椒，可以多留一些分枝结果，这样可以提高产量。

小贴士：

切辣椒时，辣椒素沾在皮肤上，会使微血管扩张，导致皮肤发红、发热，并加速局部的代谢率。可用少量食醋搓手，或用白酒擦洗后，再用清水洗手就不辣手了。

甜椒

芋

早熟芋

芋头开花

认识蔬菜

芋又名芋艿、芋头等，是天南星科芋属多年生草本植物，常作一年生栽培，在我国南方地区栽培广泛。芋分为多子芋、魁芋、多头芋，家庭栽培主要以多子芋（早熟芋）和魁芋（槟榔芋）为主。其食用部位是块茎。

栽培季节

南方春季种植一般在2月下旬至3月初播种。

栽培场所

芋适宜在庭院、天台等地方种植。

栽培容器

芋采用较大花盆、箱子、栽培槽栽培，深度30~40厘米。

白芽芋结芋状

土壤要求

芋最适宜使用土层深厚、松软、通气、排水良好的沙质土壤种植，可用菜园土、厩（堆）肥、河沙配制。

红芽芋结芋状

栽培管理要点

1. 芋以子芋作种，选择上年采收的无病虫、顶芽健全、充实的子芋做种，种芋大小40~50克。播前晒种2~3天，去除表面的叶鞘（毛）。

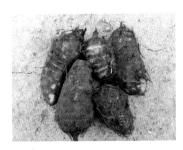

种芋

早熟芋小苗

采收芋子

2.芋可直播，也可先催芽后播种。芋在低温时先长根后长芽，为使芋早熟高产，播种前进行催芽较好。催芽时先整好10厘米厚的培养土，将种芋整齐排好在培养土上，覆土至刚好盖过种芋，视土壤湿度情况浇灌一定量的水，保持土壤湿润，然后覆盖一层薄膜保温保湿。当芽长出4~5厘米，有较多根，且气温稳定在12℃以上时即可定植。

3.一般采用穴播方式，按35~40厘米株距开穴。播种时土壤要潮湿，将种芋横放于穴内，覆盖细土或腐熟堆肥，覆土厚度以种芽微露为准。

4.芋在整个生育期既不耐旱，也不耐渍。苗期应保持土壤湿润，生长旺期和结芋期需水量大，遇干旱天气要在傍晚灌水浸湿，但若遇连续阴雨，也应及时排水降渍。

5.芋苗期生长缓慢，前期需肥少，中后期需肥较多。当芋长出3片真叶时，要用尿素加稀的有机肥追施提苗肥。当芋有8~9片叶进入旺盛生长期时，进行1次中耕培土，并用有机肥追肥1次。当芋有15片叶时，要用复合肥追施1次结芋肥。

6.芋分蘖性强，在生长过程中子芋容易长成植株出土。如果任其生长，不仅浪费子芋的营养，降低子芋产量，而且使子芋形状变长，品质下降。因此要及时抹芽。抹芽时用利刀割去子芋的地上部分，并及时覆土。

采收关键

芋叶片发黄，根系枯萎时即可采收。采收时将整株挖起，再将子芋与母芋分离，晾干表面水分，去除残须残叶。

食用与养生

早熟芋以食用子芋为主，母芋通常品质低劣不可食用。子芋可蒸煮食用，口感滑嫩。芋叶柄可以加工成咸菜，自然干掉的叶柄还可以当做菜干食用。槟榔芋主要食用部位是芋头，品质优良的槟榔芋切开后花纹清晰，煮熟后粉嫩可口。

菜专家叮嘱

在市场上经常买到煮不烂的芋头或芋子，这跟种植过程的管理有很大关系。芋在生长后期，形成的光合物质逐渐转化成淀粉和脂肪等，如果这个时候土壤水分太多，就会影响这一转化，使得芋煮不烂了。因此，栽培上在芋生长后期一定要注意水分管理，保持土壤湿润即可。

小贴士：

芋头去皮时容易手痒，这是由于芋头黏液中含有植物碱，接触后会刺激皮肤。所以芋头去皮时可以戴上一次性手套避免黏液接触皮肤。如果手上已经沾上了芋头的黏液，可以把手放在火上烤一烤，很快就会止痒。也可以在手上倒些醋，搓洗一下，或者盆里放水，再加些醋，把手放进去泡一会儿，也会止痒。

四季豆

认识蔬菜

四季豆又名菜豆、架豆、芸豆、刀豆、扁豆等，是豆科菜豆属一年生缠绕性草本植物。四季豆原产于美洲中部和南部，是我国人民喜爱的一种大众蔬菜，全国各地广泛栽培。四季豆按茎的生长习性可分为蔓生、半蔓生、矮生3种，食用部位是幼嫩荚果。

四季豆

四季豆种子

穴盘育苗

槽栽四季豆小苗

槽栽四季豆大苗

栽培季节

四季豆可春、秋季栽培。南方春播一般3~4月播种，秋播一般7~8月播种。早春采用保温育苗移栽的，可适当提早播种时间。

栽培场所

四季豆适宜在庭院、天台、阳台等地方种植。

栽培容器

各种花盆、箱子、栽培槽都可栽培四季豆，深度应为20~25厘米。

土壤要求

四季豆对土壤要求不严格，但忌连作，可用菜园土、有机肥和草木灰配制。

播种育苗

播种前先晒种1~2天。一般采用直播的方式，多行直播或点播，先开穴，穴内浇透水，每穴3~4粒种子，穴距25~30厘米。播后覆土1~2厘米厚，保温保湿，出苗前避免土壤干燥板结，否则会影响出苗。干种直播适温下3~4天可出苗，出苗前若温度太低可用塑料膜保温，夏秋高温时可适当遮阴。如采用移栽方式，宜使用穴盘或容器育苗，避免伤根。2~3片真叶时移栽，栽后浇足水，以利缓苗。

栽培管理要点

1.四季豆喜温暖，不耐高温和霜冻，幼苗生长适温为18~25℃。小苗长到3~4片真叶时，即可定苗，一般每穴留苗2~3株。

2.从播种到小苗定植前，要严格控制浇水，做到不干不浇，使苗矮壮。开花前浇水宜少，开花至结荚期需水量较多，一般每隔2~3天浇1次水，保持土壤湿润。土壤过湿或积水，会引起落叶、落花，高温高湿根部和果实易腐烂。

3.生长前期追施1~2次以氮肥为主的有机肥，开花至结荚期每1~2周施1次腐熟的有机肥，结合施用氮磷钾的复合肥，一般每采收2~3次，追施1次肥料。开花结荚期要避免氮肥过多，以免造成枝叶生长过旺，影响结荚挂果。

箱栽四季豆大苗

4.矮生种无需设立支架，蔓生种在植株30~40厘米时要及时插架。双行栽植插"人"字架，单行密植时插立架，架高2米，架材多用竹竿；初期应根据四季豆的左旋特点，按逆时针方向引蔓上架，后期茎蔓本身缠绕能力强，无需人工引蔓。

5.四季豆对光照强度的要求较高，在适宜温度条件下，光照充足则植株生长健壮。中后期要及时摘除下部的老叶，增加植株间通风透光。

采收关键

一般在花后10~15天，当豆荚由扁变

四季豆开花

圆、颜色由绿转淡、籽粒未鼓或稍有隆起时采收嫩荚。每隔3~4天采收1次。最好在下午采收并注意不要伤及茎蔓、叶片、花和幼荚。

食用与养生

四季豆可炒食、炖食、做馅、腌渍、干制等。因四季豆内含有甙类生物毒素，食用后可能发生头晕、头痛、恶心、呕吐、腹痛等症状。但这种毒素怕高温，食用时应充分煮熟破坏毒素。

毛豆

毛豆

认识蔬菜

毛豆也称菜用大豆、鲜食大豆、青毛豆、白毛豆，在日本被叫做枝豆，是指籽粒鼓满期至初熟期采青作为蔬菜食用的专用型大豆。毛豆老熟后就是我们熟悉的黄豆，属豆科大豆属草本植物，原产中国，在全国各地都有栽培。毛豆的食用部位是青荚籽粒。

栽培季节

毛豆可春、夏、秋季种植，南方春种 3~4 月播种，夏种 5~6 月播种，秋种 7~8 月播种。

毛豆鲜荚和籽粒

栽培场所

毛豆适宜在庭院、阳台或天台等地方种植。

栽培容器

毛豆采用各种花盆、箱子、栽培槽栽培，深度 25 厘米左右。

土壤要求

毛豆对土壤要求不严，喜土质疏松、富含有机质的沙壤土。毛豆忌连作，可用菜园土和有机肥再加适量的石灰配制。

栽培管理要点

1. 毛豆一般采用直播，播种前进行选种，除去有病斑或遭虫害的种子。家庭种植可用穴盘育少量苗用于补苗。

2. 种子10~11℃开始发芽，播种前浇透水，穴播，穴距20~25厘米，每穴播种2~3粒，播后覆土2厘米厚，温度适宜3~4天即可出苗。

3. 生长前期应少施氮肥。2~3片真叶时浇小水追施速效性氮肥，并进行松土，可加速植株生长，开花前可用稀薄的有机肥加复合肥施1~2次。

4. 毛豆喜湿润，但又忌渍，要求保持土壤湿润而不积水。苗期对水分要求不高，春种基本上不用灌水。开花结荚期需较多的水分，干旱缺水或积水都容易造成落花落荚。

采收关键

当荚壳为深绿色、豆籽仍保持绿色、粒仁四周尚带种衣时为毛豆采收适期。这时豆籽含糖量高、品质好而且鲜嫩。

食用与养生

毛豆富含蛋白质、脂肪、卵磷脂、膳食纤维、大豆异黄酮等多种成分，营养丰富均衡。毛豆须煮熟或炒熟后再吃，可直接带壳煮食，也可以剥仁后炒食。一般人群均可食用，幼儿、尿毒症患者忌食，对黄豆有过敏体质者也不宜多食。

菜专家叮嘱

豆科作物虽然具有固氮作用，但是毛豆对氮肥的需求量比较大，光靠本身的固氮不能满足毛豆生长所需。所以种植毛豆时要施足基肥，以有机肥为主，并且在开花结荚期要补充一定的氮肥。

毛豆种子

穴盘育苗

毛豆移栽

庭院栽培槽内种植毛豆

另外，毛豆施用基肥时可以适当加些磷肥，因为磷肥可促进根系发育和根瘤菌的形成，达到以磷促氮的作用。

韭 菜

认识蔬菜

韭菜又名韭、起阳草、草钟乳等，是百合科葱属多年生宿根草本植物。韭菜原产中国，在我国广泛栽培。韭菜从种植到换茬一般需3~5年，最多可达8~10年。其食用部位是嫩叶、花薹和花。

韭菜

韭菜开花

盆栽韭菜

栽培季节

韭菜种子在2~3℃即可发芽。春季播种一般在2~5月，秋季播种在8~9月。

栽培场所

韭菜适宜在庭院、天台、阳台、窗台、客厅等地方种植。

栽培容器

各种花盆、箱子、栽培槽都可栽培韭菜，深度应为20~25厘米。无土基质栽培一般采用栽培箱、基质袋或基质槽。

土壤要求

韭菜对土壤的适应性较强，但以土层深厚、富含有机质、保水力强的土壤为宜，可用菜园土、厩肥或堆（沤）肥、河沙配制。

播种育苗

韭菜既可直播，也可以育苗移栽。播种可撒播、穴盘或条播，最好采用上一年收获的种子，其色泽鲜亮，陈年的种子发芽率低。穴盘播种选用50孔穴盘，每穴播种5~6粒，上覆0.5~1厘米厚的基质，浇透水，保持15~25℃，10~15天即可出苗。在韭菜出苗前保持土壤湿润，秋季播种期温度较高，可适当遮阴。幼苗长到7~9片叶，株高15厘米左右即可定植。将苗挖起，剪去先端须根，留根长2~3厘米，以促发新根，再将叶子剪去一段，以减少叶面蒸发。每丛10~15株，定植株距10~20厘米，深度以不埋分蘖节为宜。

韭菜种子

韭菜移栽

栽培管理要点

1. 韭菜喜肥，又是多年生植物，因此种植前要施足基肥，培养土要耙细，将肥与土充分混匀。

2. 定植一般选阴天下午进行，定植后浇透水，以利于缓苗。缓苗后要适当控水，及时锄草，浇水见干见湿，促进苗生长粗壮。韭菜生长适温为12~24℃，夏季温度高，可适当遮阴，同时注意不要积水，以免引起烂根死苗。

3. 施肥应薄肥勤施，有机肥和无机肥配合施用。特别在每次收割后，用有机肥或腐熟厩肥堆放在植株周围，可促进新叶生长。

韭菜割后重长

4. 在直播和定植的当年要培土2~3次，以后每年入冬前一定要培土1次。宜将向外伸长的叶片合起再培土，培土高度为2~3厘米。

5. 当韭菜长至10~15厘米时，用钵头或其他器具罩住，使之在黑暗的环境中生长，可以作为韭黄采收。

采收关键

韭菜在株高 20~25 厘米时即可采收，家庭种植通常每年可采收 5~8 次。在晴天早晨或傍晚用干净的剪刀或小刀于离土面 3~5 厘米处将韭菜割下，切口宜整齐。几天后伤口愈合长出新叶时浇水施肥。

食用与养生

韭菜的食用部位主要是叶片、假茎（韭白）、韭薹和韭花。韭菜含有大量纤维素和粗纤维，纤维素能刺激消化液分泌，帮助消化，增进食欲，并能促进肠的蠕动，缩短食物在消化道内通过的时间，所以多食用韭菜可以预防便秘、直肠癌、痔疮等疾病。韭菜可以直接炒食，也可以作为调味菜。

菜专家叮嘱

韭菜也可采用母根栽培，最好选用生长时间 2~3 年的母根种植。将韭菜根整丛挖起，尽量不伤根，除去干枯的叶子和须根，10~15 株分为 1 份，叶子剪至长 10 厘米左右种植。

姜

认识蔬菜

姜又称生姜、黄姜，是姜科姜属植物中能形成地下肉质块茎的栽培种，为多年生草本植物作一年生栽培。姜以肉质块茎供食用，是一种重要的调味料。姜原产东南亚的热带地区，在我国中部、东南部至西南部都有栽培。其主要品种有大姜、小姜、胖姜等，食用部位是地下块茎。

姜

栽培季节

姜主要在春季栽培，喜温暖、湿润的环境条件，不耐低温霜冻，16℃以上开始萌芽。南方一般在3~4月开始种植。

姜种块

栽培场所

姜适合在庭院、阳台、窗台、客厅、天台种植。

栽培容器

姜可采用花盆、箱子、栽培槽栽培，栽培容器的口径不小于20厘米，深度不小于30厘米。无土基质栽培一般采用栽培箱、基质袋或基质槽。

土壤要求

姜喜肥沃疏松、富含有机质、微酸性的土壤，可用菜园土、厩肥或堆（沤）肥、木屑配制。种过姜的土壤第二年不宜再用来种姜，否则病害严重，容易死棵。

姜种发芽

播种育苗

姜主要采用块茎繁殖。选块大、丰满、表皮光亮、未受冻、无病虫害（晒后不干缩）的姜作种，播种前晒姜1~2天，然后根据不同的品种掰姜种，大姜品种每块70克左右，小姜品种每块40~50克，胖姜品种每块80克左右，最好选用一块姜一个芽的姜种。盆栽时可以直播，如在庭院栽培最好开沟种植，沟深15厘米左右，株距20厘米，行距50厘米。播种后覆土4~5厘米厚。出苗前覆盖稻草保温保湿，可促进出苗。

基质栽培定植

盆栽定植

姜发棵生长　　　稻草覆盖姜

1.生姜前期不喜欢强光照射，出苗后应当及时遮阴。生姜可以套种在瓜棚底下，夏季炎热时利用瓜棚遮阴。在强光下，姜叶片容易枯萎。

2.播种后如土壤湿润不需浇水即可出苗，土壤干燥应浇1次水，但不宜过多，出苗后视土壤情况及植株长势适时浇灌；高温期应提倡早浇、晚浇，下雨注意排涝，不可积水，高温高湿生姜病害严重。

3.姜在生长期间要进行多次中耕松土及追肥培土，当苗高15厘米左右时结合中耕、除草进行培土，追肥以有机肥为主，培土高度3~5厘米。

4.随着分蘖的增加，每出1苗再追1次肥，培1次土，培土高度以不埋没苗尖为度。培土可以抑制过多的分蘖，使姜块肥大。

5.南方地区入夏以后，在天台种植的需搭荫棚或加盖遮阳网，遮阴防热。入秋以后，天气转凉，及时拆除遮盖物。因此若在天台种植生姜，最好在瓜棚下面种植。

收获嫩姜

1.姜1次种植，可根据需求分多次采收种姜、嫩姜、鲜姜（老姜）3种。种姜一般在苗高20~30厘米、具5~6片叶、新姜开始形成时，即可采收。采收时尽量挖土，少伤根，少动植株。

2.初秋天气转凉，趁姜块鲜嫩，提前收获嫩姜。这时采收的新姜组织鲜嫩，含水分多，辣味轻，适合加工腌渍、酱渍和糖渍。

3.在初霜来临之前，植株大部分茎叶开始枯黄，地下根状茎已充分老熟时采收老姜。采收后可掰去茎秆或留2厘米左右，去除根即可。

食用与养生

姜含姜辣素，具特殊香辣味，是家庭常用的调味蔬菜。嫩姜可腌渍、糖渍食用。姜有健胃、驱寒、发汗的功效。夏季人们常食冷凉食物，对胃不利，故有"冬吃萝卜夏吃姜"之说。另外，由于生姜的辛温发散作用会影响人们夜间的正常休息，且晚上进食辛温的生姜容易产生内热，日久出现"上火"的症状，因此晚上不宜食用生姜。

姜槽栽大苗

菜专家叮嘱

生姜在栽培过程中出现死棵现象是栽培中遇到的最大问题。为避免这一现象发生，要注意做到以下几点：一是避免重地种植，也就是正常情况下种过生姜的地，3年内不再种植生姜。二是生姜既怕积水，又怕旱，种植生姜的地要保持土壤湿润，既不能太干，也不能太湿积水。三是家庭采用容器栽培时，如果没办法更换土壤，种植前一定要进行土壤消毒。四是采用无土基质栽培的，每年更换栽培基质。

小贴士：

生姜采收后存放时间久了，容易出现干瘪、发芽等现象。可准备适量干沙（一定要干沙）和一个敞口的容器，在容器底部放一层沙子，把生姜放在沙子上面，再用沙土完全覆盖生姜，这样就不容易发芽了。也可以用我们常见的锡箔纸，把整块生姜放在锡箔纸中包裹好，放在干燥的地方就可以了，既不易发芽，也不易干瘪。

玉 米

玉米

认识蔬菜

玉米又称玉蜀黍、苞谷、苞米、棒子，是禾本科玉米属一年生草本植物。玉米原产于墨西哥或中美洲，在我国各地均有栽培，也是全世界总产量最高的粮食作物。家庭主要种植用来鲜食的甜玉米和糯玉米。现在可供种植的玉米品种很多，有金黄色、白色、紫色的，还有紫、白、黄2种或3种相间的，颜色艳丽。玉米的食用部位是果穗。

花糯玉米果穗

黑玉米果穗

栽培季节

玉米适于春、秋季种植，南方春季3~4月中旬播种，秋季7~8月中旬播种。春季播种不可太迟，以免开花期遇高温影响花粉活力造成空粒。秋季播种太迟，结果期温度低，易造成籽粒不饱满，皮厚渣多。

栽培场所

玉米植株比较高大，并且喜阳光充足，适宜在庭院、天台等地方种植。

栽培容器

玉米采用较大的花盆、箱子、栽培槽栽培，深度35厘米。

土壤要求

玉米对土壤适应性广，但以土层深厚、肥沃疏松、保水保肥力强的壤土或沙壤土为宜，可用菜园土、厩（堆）肥配制。

糯玉米种子

播种育苗

玉米可以直播，也可以育苗移栽。甜玉米因种子出苗能力弱，最好采用育苗移栽。播种前培养土浇透水，按株距25~30厘米开穴，每穴播种1~2粒，覆土2~3厘米厚。育苗移栽采用穴盘或营养袋，每穴播种1粒。春季早播气温低，出苗前可用薄膜盖住保温，长时间低温易出现烂种。当苗2~3叶1心时即可移栽，同时浇足定根水。

甜玉米种子

栽培管理要点

1.直播种植出苗后应及时查苗补苗，4~5叶期间苗，6~7叶期定苗，每穴只保留1株苗，缺苗的及时补苗。

2.玉米苗期需肥不多，定苗后以有机肥加适量化肥追肥1次。8~9片叶时施拔节肥，11~13片叶时施攻穗肥，以氮、钾肥为主；散粉期根据苗情增施壮粒肥，以氮肥为主。

3.玉米需水较多，除苗期应适当控水外，其后都必须满足玉米对水分的要求。拔节后对水分要求敏感，应保持土壤湿润。

玉米穴盘小苗

4.家庭种植玉米量较少，为了使果穗授粉充分，可在晴天上午9~10时开花盛时实行人工授粉。方法是用绘图纸袋套住顶上的雄花穗，第二天轻抖几下，取下纸袋内花粉进行授粉。授粉时将花粉洒在花丝上即可，每株雄穗可授粉3~5个果穗。如果花丝太长，可以用剪刀剪

玉米定植苗

玉米雌穗抽丝　　　　　玉米雄花抽穗　　　　箱栽玉米

去一段后再授粉，这样可以授粉更完整，籽粒更整齐饱满。开花期如果遇连续雨天，也可采用这种方法进行人工辅助授粉。

5.有些玉米品种一株会长出几个苞穗，通常只保留1~2个苞穗，这样有利于集中营养，保证苞穗个大、饱满。

采收关键

甜玉米一般在授粉后21~23天采收，糯玉米一般在授粉后23~24天采收。也可以用手指挤压籽粒，玉米粒凹陷仅有稍许乳浆溢出即为适宜采收期；或者眼观玉米棒苞叶开始变黄、花丝变黑为适采期。采收后的玉米如未及时食用，应立即放于冰箱速冻保存。

食用与养生

玉米属粗粮，纤维素含量很高，有助于肠胃蠕动。甜、糯玉米都可以直接蒸食或煮食，蒸煮时可带1~2片苞叶，风味更佳。也可以将玉米粒剥下，加少许碎肉炒食。甜玉米还可以打浆，过滤后做成玉米汁食用，或做成玉米糊、玉米粥。

菜专家叮嘱

甜玉米、糯玉米的甜和糯的特性都是隐性遗传的，因此两类品种不可以同时种植，以免互相授粉影响品质，变成既不甜也不糯了。如果一定要同时种植，那只能采用人工辅助授粉，把各自雄穗和雌穗都用绘图纸袋套起来，取同类的花粉进行授粉。因为玉米花丝在几天内都有接受花粉的能力，因此授粉后应继续套住。

花生

认识蔬菜

花生又名"长生果"，是一年生草本植物。花生起源于南美洲热带、亚热带地区，约于16世纪传入中国，全国各地均有种植。花生的果实为荚果，也就是食用部位。其果壳的颜色多为黄白色、黄褐色、褐色或黄色。花生果壳内的种子通称为花生米或花生仁，颜色为淡褐色、浅红色。

花生盆栽植株

花生结荚

栽培季节

南方地区通常春季3月下旬至4月上旬播种，秋季7月下旬至8月上旬播种。

栽培场所

花生适宜在庭院、天台、阳台等地方种植。

栽培容器

花生采用普通的花盆、箱子、栽培槽栽培，深度30厘米。

花生种仁与荚果

土壤要求

花生喜土层深厚、疏松、富含有机质的沙质壤土，可用菜园土、厩（堆）肥、河沙配制。

栽培管理要点

1.家庭种植花生通常采用直播，播种前要带壳晒果。

花生盆栽出苗

花生小苗

花生盆栽

晒时将花生摊开晒1~2天，并经常翻动，力求晒得均匀。晒后手工去壳，防止碰破种皮，去掉小粒、瘪粒和发霉带菌种子。

2. 花生是地上开花地下结果的作物，播种前要把土整细。播种时采用点播，每穴播1~2粒，株行距20厘米×30厘米，家庭盆栽时根据盆的大小每盆播种1~4株。出苗前保持土壤湿润。

3. 花生根系发达，具有根瘤菌，本身可以固氮，因此前期植株小（4~5叶期）应及时追肥发根，促根瘤，中后期注意控制水肥供应，以防徒长致减产。

4. 花生需水特点是"两头少，中间多"。苗期怕积水，要小水细浇；在荚果形成至果实饱满时，保持干湿交替；其他阶段保持土壤湿润，特别是开花后，果针向下扎入土壤时切忌土壤干燥板结。

5. 当植株花开旺盛，有较多果针向下扎土时，要在植株基部培一层土，以促进果针入土结荚和荚果生长。

采收关键

花生荚果成熟时间很不一致，一般以大部分荚果外皮发青硬化，网脉纹理加深且清晰时开始收获。也可观察植株若顶端停止生长，上部叶片变黄，茎部和中部叶片脱落，即可收获。收获时拔出植株，摘下荚果即可。

食用与养生

花生含油率高，所含的油酸对人体心血管有益。家庭种植的少量花生可以带壳煮食，也可以晒干后剥壳食用，还可以磨细做成花生酱食用。

菜专家叮嘱

花生培土可促进果针入土结荚和荚果发育。一般进行2次培土，第一次在盛花期，培土高度5~7厘米，以不埋分枝为限。10天后进行第二次培土，培土高度8~12厘米。另外，开花期果针入土，一定要保持土壤湿润、疏松。

小贴士：

花生晒干后应干燥保存，否则花生仁容易受潮发霉。发霉的花生被黄曲霉菌感染后会产生致癌性很强的黄曲霉毒素。如果使用了霉变的花生榨油，花生油中也会含有黄曲霉毒素。黄曲霉毒素高温下易分解，在花生油下锅烧热时，可加入少许食盐爆锅，以促进黄曲霉毒素分解。

苦 菜

苦菜

认识蔬菜

苦菜又名败酱草、白花败酱、大叶苦菜、苦胆菜等，属败酱科败酱属多年生草本植物。苦菜入药历史悠久，其辛散苦泄，性寒清鲜。近年来苦菜成为人们喜欢的大众化时兴蔬菜，已从野生蔬菜逐渐转为人工种植。其食用部位是嫩茎、叶。

栽培季节

苦菜耐热、耐寒，但不耐高温，春季4月上旬、秋季7月下旬开始种植。种植后可以多年采收。

栽培场所

苦菜适宜在庭院、客厅、阳台和天台等地方种植。

盆栽苦菜

盆栽苦菜小苗

窗台种植苦菜

阳台箱栽苦菜

栽培容器

苦菜采用各种花盆、箱子、栽培槽栽培，深度20厘米。无土基质栽培一般采用栽培箱、基质袋或基质槽。

土壤要求

苦菜根系发达，喜有机质丰富、肥沃、疏松、排水性能良好的壤土或沙壤土种植，可用菜园土、厩（堆）肥和山皮土配制。

播种育苗

苦菜既可以用种子播种，也可以用老熟根茎分株种植。家庭种植数量少，可从野外或从他人处挖得根茎分株种植，株行距15厘米×25厘米。由于苦菜根系发达，生长旺盛，可很快扩繁。

栽培管理要点

1. 种植后要浇透水，以利于成活，一般5~7天即可成活。成活后可用有机肥追施1次薄肥，以利于发根起苗。

2. 苦菜不耐旱，土壤太干生长不良，叶片木质化，口感差。天气干旱时应早晚浇水。苦菜也不耐积水，雨季时应及时做好排水。

3. 苦菜根系发达，生长旺盛，需肥量大，应及时追施有机肥以满足生长需求。每次茎叶采摘后，要及时松土，并施1次肥料。

4. 苦菜不耐高温、耐阴。每年夏季高温季节应在1~1.5米高的地方搭遮阴棚，避免强光照射。

5. 苦菜生长后期茎叶易相互交错，当植株枝条过密、过高及生长明显减弱时，要对植株修剪整理。修剪时剪去基部的老化枝叶，必要时部分枝条可留10厘米长后剪去，以待重新再发新枝。剪枝后应追施有机肥1次。

采收关键

　　苦菜分枝强，茎叶生长快，一般新枝长至 5~6 节时就可以采摘。采收时摘去顶部嫩芽，生长旺盛时 2~3 天可采收 1 次，南方地区一年四季都可以采摘。苦菜生长旺，顶芽摘除后，很快就会长出侧枝。

食用与养生

　　苦菜具有清热解毒、凉血、止痢等功效，味道甘中略带苦，可炒食或凉拌。苦菜也可以采摘后晒干，干品可用于炖汤。

芦　笋

认识蔬菜

　　芦笋又称石刁柏、龙须菜、露笋等，为百合科天门冬属多年生草本植物。芦笋为雌雄异株的宿根植物，生长期可长达 15 年以上，采收期可达 10 年左右。芦笋原产东部地中海及小亚细亚半岛，在我国仅有百余年的栽培历史。在国际上，芦笋有"蔬菜之王"的美名。栽培上根据不同的形式，芦笋可分为绿芦笋和白芦笋。幼茎出土见光后呈绿色，称绿芦笋；培土软化的则呈白色，称白芦笋。芦笋的食用部位是肉质嫩茎。

芦笋

芦笋

栽培季节

芦笋为多年生植物，南方通常于3月中旬至4月上旬春播，于9月上中旬秋播。

栽培场所

芦笋适宜在庭院、阳台和天台等地方种植。

栽培容器

芦笋采用较大的花盆、箱子、栽培槽栽培，深度30厘米。无土基质栽培一般采用栽培箱、基质袋或基质槽。

土壤要求

芦笋对土壤适应范围较广，但以土质疏松、土层深厚、富含有机质的微酸至微碱性土壤最佳，可用菜园土、厩（堆）肥和沙子配制。

芦笋种子

播种育苗

芦笋种皮坚硬、吸水慢，一般播前用25~30℃的温水浸种3天，每天换水1~2次。待种子吸足水分，置于25~30℃的环境下催芽，每天用温水淋种2~3次，经5~7天露白后即可播种。可挖穴播种，间隔7~10厘米，或者采用穴盘播种，每穴播种1粒，播后覆土2厘米厚，10天左右开始出苗。当苗龄为50~60天，单株地上茎3条以上即可定植。

栽培管理要点

1.幼苗按大小分开栽植，株距30厘米，每穴1株，弱小苗可2~3株一起定植。栽培槽定植，各苗地下茎上着生鳞芽的一端应尽量朝同一方向，排成一条直线，以利于后期培土等管理。定植覆土要轻压实，及时浇足定根水，以促进成活。

2.定植后植株矮小，易受杂草、地上害虫危害，应及时中耕松土，去除杂草。若天气干旱，应适当浇水，下雨要防积水。同时适当施肥，以促进

芦笋嫩茎

养根壮株。

3.芦笋进入秋季旺盛生长阶段，应注意施秋发肥，大力促进芦笋在秋季迅速生长，为来年早期丰产奠定基础。入冬后，芦笋地上部分枝叶开始枯萎，需注意清理地上干枯植株，以利于明年春发高产。一年生芦笋，既不耐涝也不耐旱，根盘渐渐扩大后则耐旱不耐涝。芦笋采收期间需水量大，应及时浇水，以免严重减产。

芦笋开花

4.芦笋从定植到采收至少要1年时间，第二年3月份结合松土、培土施好催芽肥，6月上中旬施好壮笋肥，8月重施秋发肥。在采收前30~35天，应加强对母株的选择：凡是1~2年生的植株，每穴选留母株2~3株；3~4年生的植株，选留母株3~4株。母株容易倒伏，应插竹竿扶植。

5.采收白芦笋须在春季幼茎抽生前7~10天培土，培土高度30厘米左右，使嫩茎不见光，成为白色柔嫩产品。采收绿芦笋最好也要适当培土，保持地下茎在15厘米的土层下，这样嫩笋更粗壮。

芦笋结籽

采收关键

采收白芦笋应在日出前进行，防止阳光照射影响品质。采收时，待嫩茎露土5厘米以上时，用手轻捏笋尖下3厘米处，用刀在近地下茎处割断。绿芦笋采收，在幼茎高21~24厘米时齐地面割下即可。绿芦笋比白芦笋营养更为丰富。

食用与养生

芦笋含有蛋白质、脂肪、钙、铁和B族维生素，还含有丰富的叶酸、核酸，营养丰富。其风味极其鲜美，具有特殊的清香味。芦笋能和多种蔬菜、荤菜搭配烹调，也可以油焖、清炒、煮汤，还可以加工成芦笋汁、芦笋泥等。

淮山

认识蔬菜

淮山又名淮山药、山药，为薯蓣科多年生草本植物薯蓣的块根，冬季采挖。淮山分布在日本、朝鲜以及中国的河南、福建、浙江等大部分地区，在中国已有几百年的栽培历史。其自然生长于海拔350~1100米的地区，多生长在山坡、山谷林下、路旁的灌丛、溪边及杂草中。淮山形状有块状、长棍状等，颜色有白色、紫色等。其食用部位是块根。

淮山植株

淮山块根

栽培季节

淮山在南方通常于3月下旬至4月上旬种植。

栽培场所

淮山适宜在庭院、阳台和天台等地方种植。

栽培容器

淮山采用较大的花盆、箱子、栽培槽栽培，深度40厘米以上。由于长棍状淮山入土深，家庭种植建议以块状品种为主。

土壤要求

淮山对土壤适应范围较广，但以土质疏松、土层深厚、富含有机质的土壤最佳，可用菜园土、厩（堆）肥和沙子配制。

播种育苗

淮山可以用植株上结的"种子"（零余子、山药豆）做种栽培，但家庭种植以块根繁殖为主。播种前薯块切成50~80克的小块，长棍状的淮山可以切成3~5厘米长，每块种薯都要有一定的种皮面积。切好的种薯摊开，放在阳光下晒1~2小时，让切口收水。也可以在切口处沾上石灰粉或草木灰消毒。注意刀具消毒（参见马铃薯栽培）。把切好的种薯块切口朝下，种皮向上，间距3~5厘米整齐排列，再用细土把种薯盖好，盖种厚度2~3厘米。当幼苗长到5厘米左右时即可定植，每株只留1~2个芽。

栽培管理要点

1.幼苗按大小分开栽植，株距25~30厘米，每穴1株，定植时切口朝下。栽培槽定植，各苗着生芽的一端应尽量朝同一方向，排成一条直线，以利于管理。定植后覆土5~10厘米厚，及时浇足定根水，以促进成活。

2.定植后植株矮小，易受杂草、地上害虫危害，应及时去除杂草。若天气干旱，应适当浇水，下雨要防积水。同时适当施稀薄有机肥，以促进养根壮株。

3.待薯蔓生长至30厘米左右时，可进行施肥。施肥应掌握薄肥勤施，每隔10~15

淮山零余子

淮山种块沾草木灰

淮山盆栽小苗

淮山箱栽引蔓

天施 1 次肥。进入夏秋旺盛生长期时，要施 1~2 次重肥，间隔 20~30 天施用。地下块茎快速膨大时，要再施 1 次重肥，注意配合施用磷钾肥。生长后期可叶面喷施 0.2% 磷酸二氢钾和 0.1% 尿素，以防早衰。

4. 在整个淮山生长期，要及时拔除杂草，避免杂草与淮山争肥料。淮山蔓叶生长与块根膨大时期，都要求有一定的湿度，注意保持土壤湿润。倘若雨水过多，则要注意排水。

5. 蔓长 30 厘米时，应及时立支架，引蔓上架。通常采用"人"字架或篱笆架，立架要牢固，高 1.5~2 米。每株只留 1 个枝蔓上架，其余的全部摘除。

采收关键

淮山地上茎叶开始发黄并逐步枯死，此时地下薯茎成熟，可进行采收。在挖淮山时要防止机械损伤，采收好的淮山应带泥包皮堆放于室内。

食用与养生

淮山具益气养阴、补脾肺肾、固精止带的功效，可蒸煮、炒食、炖汤等。淮山经加工培制后，制成中药片淮山，为常用中药材。淮山还可以磨粉添加大米、面粉制成淮山米粉、淮山面线等食品。

菜专家叮嘱

淮山在地下茎膨大时，地上叶腋间常生有肾形或卵圆形的珠芽，名"零余子"，俗称"山药豆"。山药豆生长 50~60 天就会成熟，可以作为第二年的"种子"使用。山药豆生长成熟的这段时间，正是淮山地下块茎迅速生长发育时期，因此，山药豆生成时若不利用，需要尽快采摘下来，不让其吸收更多的养分，以免影响地下块茎的生长，降低品质。成熟的山药豆营养丰富，含有蛋白质、维生素以及多种微量元素，食用可提高身体免疫力。

二、夏季家庭菜园

落 葵

落葵

认识蔬菜

　　落葵别名木耳菜、藤菜、篱笆菜、御菜、胭脂菜、豆腐菜等，是落葵科落葵属一年生草本植物。因其食用时如吃木耳一般清脆爽口，故名木耳菜。落葵原产亚洲热带地区，在中国南北方普遍栽培，食用部位是幼嫩茎叶。

栽培季节

　　落葵适宜于春、夏、秋季种植，南方3~8月均可播种。落葵喜高温、耐热、耐湿性较强，夏秋高温多雨季节栽培生长良好。

栽培场所

　　落葵适宜在庭院、阳台或天台等地方种植。

栽培容器

　　落葵可用各种花盆、箱子、栽培槽等栽培，深度20~30厘米。无土基质栽培一般采用栽培

箱栽落葵

窗台无土基质栽培落葵

落葵播种出苗

管道栽培落葵

箱、基质袋或基质槽。水培适合采用管道式和栽培箱等。

土壤要求

落葵喜偏酸性土壤，应选择土质肥沃、疏松的壤土，可用菜园土、有机肥、木屑配制。

播种育苗

落葵可直播，也可育苗移栽，种子发芽适宜温度约为20℃。落葵的种壳厚而硬，春季温度低，干种子播种往往要十多天才能陆续发芽。为提高其发芽率一般采用如下方法：一是用河沙拌匀后揉搓，擦破种皮播种。二是先浸种催芽，后播种。即用25~30℃温水浸种24~30小时，用湿布包好放于30℃左右环境下催芽，露白后播种，6~7天即可出苗，而且出苗整齐。2~3片真叶时可间苗1次，同时清除杂草，施1次稀薄肥料。4~5片真叶时即可定苗或移栽，保持株距15厘米左右。

栽培管理要点

1. 落葵生长适温25~30℃，低于20℃生长缓慢，较耐湿，但不能长期积水。出苗后，要保持土壤湿润，适时浇水，缺水则风味不佳，春季2~3天浇水1次，夏、秋季节每1~2天就需浇水1次。

2. 落葵根系发达，生长势旺，生长期要多施速效氮肥，并配合施用叶面肥，以促进植株迅速生长。追肥以腐熟有机肥或尿素溶水施用。

3. 当株高20~25厘米时，可摘取嫩茎，每次采收后施1次肥，随着生长逐渐增加施肥量。应适当增加氮肥的施用量，以促进枝叶生长。

4. 到生长中后期要及时抹去花茎幼蕾。后期生长衰弱，留1~2个健壮侧梢，以利叶片肥大。

5.以采食叶片为目的则要搭架栽培，在苗高30厘米左右时，搭"人"字架引蔓上架。主蔓长到架顶后摘心，促进侧蔓发育，并继续培育1~2条侧蔓当主蔓。主蔓在采完叶片后应剪除。

采收关键

直播栽培有4~5片真叶时即可陆续间拔幼苗食用。也可在间拔采收后，留苗继续栽培采摘嫩梢或嫩叶。嫩梢每7~10天采收1次，基部留2~3片叶，以利腋芽发生新梢，以后每隔15~20天采收1次；食嫩叶的前期每15~20天采收1次，中期每10~20天采收1次，后期每10~15天采收1次，采收的叶片应充分展开而尚未变老，叶片肥厚。

采收落葵

食用与养生

落葵营养丰富，钙含量很高，是补钙的优选经济菜。落葵适宜素炒，要用旺火快炒。

菜专家叮嘱

落葵也可以自行留种，留种株在采收嫩叶食用2~3周后不再采摘。在苗高40~50厘米时，用小竹竿搭架，而后随着植株的生长，不断引蔓上架，福州地区一般9月中下旬开始开花，11月份收获种子。由于落葵一个花穗连续开花，种子成熟期不一致，通常是花穗下部种子成熟，上部种子还没有成熟，因此要分批采收，避免成熟种子掉落。当果实颜色变紫黑色时，拿个纸盒或袋子在下面接着，手在枝条上轻轻地捋一把，熟透的种子就都掉下来了，没熟透的种子还留在上面，然后把种子放在干燥的地方自然晾干。也可把收下来的果实外面那层浆果皮搓掉，洗净种子，晾干收好就可以了。

采收后发侧枝

落葵开花结籽

苋 菜

苋菜

认识蔬菜

　　苋菜又名青香苋、红苋菜、红菜、荇菜、云仙菜等，是苋科苋属一年生草本植物。苋菜按叶色可分为4种：红苋、白苋、青苋、彩叶苋。苋菜栽培历史悠久，是世界上最古老的农作物之一。苋菜在我国各地均有栽培，食用部位是幼嫩植株。

栽培季节

　　苋菜在南方一年四季均可栽培，但以4~5月份播种栽培品质较好。

客厅无土基质栽培苋菜

栽培场所

　　苋菜适宜在庭院、阳台、窗台、客厅或天台等地方种植。

栽培容器

　　苋菜采用各种花盆、箱子、栽培槽栽培，深度20~25厘米。无土基质栽培一般采用栽培箱、基质袋或基质槽。水培适合采用管道式和栽培箱等。

土壤要求

　　苋菜对土壤要求不严，以疏松肥沃、排水良好的壤土栽培为宜，可用菜园土、厩（堆）肥、山皮土配制。

播种育苗

苋菜可直播，也可以育苗移栽。播种的培养土要细碎，种子撒播于浇透水的土面。苋菜种子粒小，为使播种均匀，可在种子中拌入少量的细沙后播种，覆土 0.5 厘米厚，保持土壤湿润，一般 5~7 天出苗。当苗长至 2 片真叶时，进行第一次间苗，并随浇水进行第一次施肥，以后陆续间苗。当苗长到 5~6 片叶时，即可移栽，苗距 20 厘米左右。

苋菜种子

栽培管理要点

1.直播栽培，在 5~6 片叶时要继续间苗，保持苗距 10 厘米左右，并随浇水进行第二次追肥。如果苗太密，可再间苗 1 次。苗期追肥以速效肥为主，采收 1 次后，可适当添加磷钾肥。追肥一般随浇水一起施用。

2.苋菜较耐旱而不耐涝，定苗后要加强水肥管理，夏季炎热每天要早晚浇水，保持土壤湿润。

3.苋菜喜温暖，不耐寒冷，生长适温 22~28℃。在高温、短日照条件下极易开花结籽，故夏、秋播种较容易开花。

4.采收 3~4 次后，要对苋菜进行整枝，仅留主茎基部 2~3 节，将主茎采收，促使侧枝萌发新芽。

苋菜小苗

采收关键

苋菜可 1 次播种，多次采收。直播后，当 5~6 片叶、苗高 10~15 厘米时，可结合间苗采收。以后在苗高 20~25 厘米时，即可采摘嫩茎。在晴天早晨采摘，茎基部留 5~10 厘米；侧枝长 5~10 厘米时可再次采收侧枝、嫩梢。

食用与养生

苋菜营养丰富，富含蛋白质、脂肪、铁和钙。苋菜可炒食、做汤。

天台种植苋菜

菜专家叮嘱

比较早上市的苋菜很多都是连根拔起销售的，买回来后可把上部的嫩茎叶摘下食用，留基部3~4个节位，直接带根种植。由于前期气温不高，只要做好水分管理，成活率还是很高的，对后期产量影响也不大。对于不善于育苗的朋友来讲，这是很好的选择，可以省去育苗的过程。

空心菜

认识蔬菜

空心菜又名藤藤菜、蕹菜、蓊菜、无心菜、竹叶菜等，是旋花科牵牛属一年生草本植物。因其梗中心是空的，故称"空心菜"，在我国南方各省及东南亚、非洲均有栽培。空心菜有细叶和宽叶两种，其食用部位是幼嫩植株。

空心菜

空心菜花（紫）

空心菜花（白）

栽培季节

空心菜在南方 3~9 月均可播种，有家庭小温室的全年可播种。

栽培场所

空心菜适宜在庭院、阳台或天台等地方种植。

栽培容器

空心菜采用各种花盆、箱子、栽培槽栽培，深度20 厘米。无土基质栽培一般采用栽培箱、基质袋或基质槽。水培适合采用管道式和栽培箱等。

天台箱栽宽叶空心菜

土壤要求

空心菜对土壤要求不严，喜疏松肥沃的土壤，可用菜园土、有机肥、木屑或河沙配制。

栽培管理要点

空心菜大部分采用直播，采用无土栽培时，一般使用小海绵块或穴盘育苗。

空心菜种子

1. 空心菜的栽培方式分为旱栽和水植两种，早熟栽培以旱栽为主，中、晚熟栽培多数采用水植。家庭种植多以旱栽为主。

2. 春季温度低，播种前应对种子进行处理，即用50~60℃温水浸泡 30 分钟，然后用清水浸种 20~24 小时，洗净后放在 25℃左右的温度下催芽。催芽期间要保持湿润，每天用清水冲洗种子 1 次，待种子露白后即可播种。播种后要覆土约 1 厘米厚，并稍压实。春季播种后温度较低，要保温保湿，一般 3~4 天即可出苗。

空心菜播种覆盖至出苗

3. 在 3~5 片真叶时施稀薄有机肥 1 次，以氮肥为主，生长期间需肥量大，一般 10 天左右施肥 1 次；如果是多次采摘，每次采摘后 2~3 天追肥 1 次，可适当多施氮肥。空心菜宜湿不宜干，整个生长期间都应保持土壤湿润。土壤水分不足，空心菜纤维增多，影响产量和质量。

直播采收的空心菜

客厅无土基质栽培空心菜

4. 也可以用市场上买回来的空心菜枝条扦插或根头部种植，可截成 15 厘米长的小段再行扦插。一般 2~3 株一丛，插条至少要 3 节埋入土中，将土稍压实，保持土壤湿润，2~3 天即可成活。

5. 空心菜喜高温，生长适温 25~30℃，忌霜冻；温度高时生长迅速，分枝也多，能耐 35~40℃高温。空心菜喜光照充足，种植时宜保持较长的光照时间，短日照下容易开花。

采收关键

空心菜应适时采收，当苗高 25~35 厘米时，可以直接拔除一次性采收，也可以采收嫩枝梢。采收嫩梢的在第一次采收时，留基部 2~3 节，以便萌发侧枝；采收侧枝时基部留 1~2 个节，不可留节过多，以免密度过大，茎叶纤细。

食用与养生

空心菜可以炒食、汤食，不仅营养丰富，还具有清热解毒、利尿、止血等药用价值。

菜专家叮嘱

家庭种植的空心菜多采用旱栽，为提高品质，除了保持土壤湿润外，还可以进行软化栽培，使得茎秆更嫩，口感更好。方法是：在空心菜采收前 3~4 天，用遮阳网或宽布盖住空心菜，保持较暗的生长环境即可。

小贴士：

栽种空心菜也可以自己留种，通常在 6 月中旬剪下空心菜略为老熟的枝蔓 15~20 厘米，2~3 条一丛栽种，采用搭架引蔓或匍匐攀爬，9 月份即可开花。当所结的果实外壳干硬、变褐时即可采收。种子成熟一批采收一批，以提高种子质量。采收后脱去种壳，晒干后贮藏备用。

甘薯

认识蔬菜

甘薯又称番薯、红薯、山芋、地瓜等，为旋花科薯蓣属缠绕草质藤本植物。甘薯起源于墨西哥以及从哥伦比亚、厄瓜多尔到秘鲁一带的热带美洲，在16世纪末引入中国福建、广东。它是制造淀粉、酒精和糖的原料。甘薯种类很多，有紫心、黄心、红心等，食用部位是块根。

甘薯

甘薯开花

栽培季节

甘薯喜高温、短日照。南方地区早薯在5月上旬至6月中旬种植，晚薯在7月上旬至8月上旬种植。

栽培场所

甘薯适宜在庭院、天台等地方种植。

栽培容器

甘薯采用较大花盆、箱子、栽培槽栽培，深度30~40厘米。

土壤要求

甘薯耐旱、耐瘠，对土壤的适应性强，但以土层深厚、疏松、排水良好、含有机质较多、具有一定肥力的壤土或沙壤土为宜。

箱栽甘薯

盆栽甘薯

甘薯播种育苗

甘薯盆栽定植

甘薯提蔓

播种育苗

栽培上都是用无性繁殖的藤蔓来种植。也可选留上年收获、无病伤、完好的薯块做种。入春后薯块排种下地，盖上3~5厘米厚的细土，注意薯块不要露出土面。然后用薄膜直接盖在畦面上，待出苗后翻开薄膜，让薯苗继续生长，待薯苗长至20~25厘米时即可剪苗定植。也可以把上年收获后的藤蔓栽插在土壤中保温过冬，第二年开春后新蔓生长，剪新蔓种植。

栽培管理要点

1.如果不是采用容器或栽培槽等栽培，在庭院栽培需要先将土壤扒成垄或小土堆，这样有利于后期结薯。一般扒成垄高35厘米左右、宽1米左右（连沟）的高垄。

2.栽插时通常采用斜插，深度2~3个节，插后压实土壤，并浇足定植水。秋季栽插时常遇高温，宜傍晚进行，有条件应于第二天遮阴，促进成活。

3.在栽后两周内进行中耕松土，以促进根系发育。在栽植后35~40天破垄追施夹边肥，这样不仅补充营养，还能起到疏松土壤的作用，可促进薯块膨大。

4.甘薯生长前期保水促根，中后期防旱排涝，保持土壤湿润即可。结薯后期如果遇上大雨天气，要注意不能积水，以免薯块腐烂。

采收关键

当气温下降到15℃以下时，要及时收获，保证在初霜前收获完毕。收获时一定要做到轻挖、轻装、轻运和轻放。

食用与养生

甘薯营养丰富，富含淀粉、糖类、蛋白质、维生素、纤维素以及各种氨基酸，是非常好的营养食品，是世界十大健康食品之一。甘薯在抗氧化，提高免疫力，防止肿瘤等方面具有明显的药理作用和功能性作用。甘薯可以新鲜煮食，也可以切片晒干，产品易于贮藏，煮食味道更佳。

菜专家叮嘱

甘薯茎叶茂盛，生长过程枝蔓延伸，与土壤接触，在各个节点上容易滋生节根，这样会造成养分消耗，故应及时提蔓。方法是用手将茎蔓提起，拉断节根，挪到旁边，但不可把蔓翻过来。提蔓可使养分供应集中于主根，结薯大，根据情况要提蔓1~2次。如果植株生长过旺，结合提蔓，还可以采收嫩梢食用，一举两得。

叶菜用甘薯

叶菜用甘薯

认识蔬菜

叶菜用甘薯以采摘茎尖以下12厘米左右茎叶供食用，营养价值高，市场潜力大。叶菜用甘薯在香港被誉为"叶菜皇后"，日本尊其为"长寿菜"，美国把它列为"航天食品"。

栽培季节

叶菜用甘薯在春、夏、秋季均可栽培。春季一般在3月份开始育苗，秋季生长期间温度应不低于15℃。

栽培场所

叶菜用甘薯适宜在庭院、阳台或天台等地方种植。

盆栽叶菜用甘薯

箱栽叶菜用甘薯

天台种植小苗

栽培容器

叶菜用甘薯采用各种花盆、箱子、栽培槽栽培，深度 20 厘米。无土基质栽培一般采用栽培箱、基质袋或基质槽。水培适合采用管道式和栽培箱等。

土壤要求

叶菜用甘薯对土壤要求不严格，但以土壤肥沃、疏松、保水保肥性能好的土壤生长良好，可用菜园土、厩（堆）肥、山皮土配制。

播种育苗

选留上年收获时具有品种特征、薯重 200 克左右、无病伤完好的薯块做种。入春后薯块埋在土里，盖上 3~5 厘米厚细土，注意薯块不要露出土面，保持土壤湿润。温度低时可用薄膜直接盖在上面，待出苗后翻开薄膜，让薯苗继续生长。当苗有 4~5 节时即可剪苗移栽，株距 12~15 厘米。家庭种植也可以直接从市场上买回茎尖进行栽培。

栽培管理要点

1. 秧苗竖直栽或斜插栽，入土深度 4~6 厘米。栽插时留 3 叶埋大叶，栽后浇足水，1 周后及时查苗补缺。

2. 栽后 7 天左右要进行 1 次松土除草，并追施 1 次腐熟有机肥，以氮肥为主。管理上掌握前期促进分枝，中期保持平稳生长，后期预防徒长。采摘后酌情施速效氮肥，但要注意避免使用过多的氮素化肥，以降低硝酸盐积累。

3. 生长期要保持土壤湿润，夏季温度较高，应早晚浇水。水分不足，植株茎叶生长不良，品质差。

采收关键

叶菜用甘薯栽插 20~30 天后即可分批采摘，每蔓留 1~2 节，清剪多余的节间，以促生新分枝。叶菜用甘薯可连续采收至下霜前。

食用与养生

甘薯嫩茎叶和薯块一样含有丰富的维生素 C、膳食纤维、粗蛋白、多种矿物质以及一些特殊的营养物质。叶菜用甘薯具有很好的抗癌效果，一般以嫩茎叶炒食。

叶菜用甘薯采摘

菜专家叮嘱

虽然大多数甘薯品种的茎叶都可以用于鲜食，但是不同品种的甘薯茎叶食用口感和品质有很大的差异。因此栽培上要选用专用鲜食的叶菜用甘薯品种，这样种出来的甘薯茎叶口感顺滑，而且产量高。

豇豆

豇豆

豇豆开花

认识蔬菜

豇豆俗称菜豆、姜豆、带豆等，是豆科豇豆属中能形成长形豆荚的一年生缠绕草本植物。豇豆起源于非洲埃塞俄比亚，是我国主要的栽培蔬菜之一。豇豆按茎的生长习性可分为矮性、半蔓性和蔓性 3 种，南方栽培以蔓性为主，矮性次之。其食用部位是幼嫩荚果。

天台槽栽豇豆

豇豆种子

豇豆穴盘育苗

栽培季节

豇豆在南方可春、夏、秋季种植，春季一般3~4月播种，夏季5~6月播种，秋季7~8月播种。

栽培场所

豇豆适宜在庭院、天台、阳台等地方种植。

栽培容器

各种花盆、箱子、栽培槽都可栽培豇豆，深度应为20~25厘米。无土基质栽培一般采用栽培箱、基质袋或基质槽。

土壤要求

豇豆对土壤要求不严格，在较瘠薄的旱地上也能生长，可用菜园土、有机肥和草木灰配制。

栽培管理要点

1.豇豆一般采用直播，春季早播也可以先育苗后移栽。育苗移栽最好采用穴盘或营养袋育苗，以减少对根系的伤害。

2.播种前培养土要耙松，盆土浇透水。采用穴播方式的，每穴播种3~4粒，穴距25~30厘米，播后覆土1~2厘米，出苗前要保持土壤湿润。豇豆长到3~4片真叶时，要进行定苗，每穴留苗2~3株。

3.采用育苗移栽的在长出2片真叶且第一片复叶展开时即可定植，定植后要浇透水。

4.蔓长30厘米时，应及时设立支架，

引蔓上架。通常采用"人"字架或篱笆架。初期应根据豇豆的左旋特点，按逆时针方向引蔓上架，后期茎蔓本身缠绕能力强，无需人工引蔓。引蔓应在晴天上午10时以后进行，以免引起断蔓。

豇豆引蔓

5.豇豆前期需肥量较少，在4~5片真叶期应追施1次稀薄的腐熟有机肥，开花结荚前应避免施肥过多而引起茎叶徒长，采收期根据生长情况追肥2~3次，注意适当增施磷钾肥。

6.豇豆生长盛期，底部若出现通风透光不良，易引起后期落花落荚，可分次剪除下部老叶。

采收关键

开花后7~10天，豆荚长至该品种标准长度，荚果饱满柔软，子粒未显露时为采收适期。采收时特别注意，在荚果柄部小心剪下，勿伤花序和留在上面的小花蕾。及时采收，对防止植株早衰和促进多结荚十分重要。初期一般每5天左右采收1次，盛期2~3天甚至1天采收1次。

食用与养生

豇豆含优质蛋白质，适量的碳水化合物及多种维生素、微量元素等。鲜荚可以直接炒食，但不宜烹调时间过长，以免造成营养损失。也可将嫩豆荚用热水烫过后晾晒制作干豇豆，或者腌制嫩豆荚作为下饭的小菜，别有一番风味。

菜专家叮嘱

豇豆通常可以自己留种，留种时选取无病、结荚位置低、结荚集中而多的植株作为留种株。留取双荚大小一致，籽粒排列整齐，靠近底部和中部的豆荚做种。当豆荚表皮萎黄时即可采收，将豆荚挂于室内通风干燥处，至第二年播种前剥出豆子即可。

黄秋葵

黄秋葵

黄秋葵开花结果

认识蔬菜

黄秋葵又名秋葵、羊角豆等，为锦葵科秋葵属一年生或多年生草本植物。黄秋葵原产非洲，引入我国比较晚，现世界各地均有分布，以美国最多，我国南北方各地均有黄秋葵的分布与栽培。其食用部位是幼嫩果实。

天台槽栽红秋葵

栽培季节

黄秋葵夏、秋季均可栽培，4~8月均可播种，但前期如果温度太低，生长不好。

栽培场所

黄秋葵适宜在庭院、天台等地方种植。

栽培容器

黄秋葵采用较大的花盆、箱子、栽培槽栽培，深度40厘米。

土壤要求

黄秋葵对土壤适应性广，但以土层深厚、肥沃疏松、保水保肥力强的壤土或沙壤土为宜，可用菜园土、厩（堆）肥配制。

播种育苗

黄秋葵多采用种子直播，春季早播要采用育苗移栽，这样可以提高成苗率。黄秋葵种皮坚厚，不易透水，播种前要进行种子处理。先将种子用50℃温水浸种半小时，然后继续常温下浸种24小时，每隔5~6小时清洗换水1次。取出后用湿布包好置于25~30℃的环境下催芽，3~4天露白后即可播种。直播采用穴播，每穴2~3粒，穴距50~60厘米，播种后覆土1厘米厚。育苗移栽采用穴盘或营养袋，当幼苗长至2~3片真叶时，即可移植。

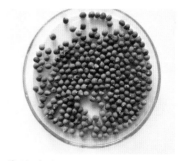

黄秋葵种子

栽培管理要点

1.直播出苗后要及时间苗，掌握"早间苗，迟定苗"的原则。幼苗出土后应及时间去弱苗、病苗，当幼苗具有3~4片真叶时定苗、补苗。定苗后应培土1次，定植后施足定根水，以利成活。

2.黄秋葵属高温作物，植株高大，蒸腾量大，需水多，要求较高的空气和土壤湿度。出苗后一般是每7~10天浇1次水，开花结果时不能缺水，要及时供给充足的水分，以促进嫩果迅速膨大发育。炎热夏季正值黄秋葵收获盛期，地表温度高，应在早上9时以前、下午日落后浇水，避免高温下浇水伤根。雨季注意排水，防止死苗。

黄秋葵小苗

3.定苗或定植后5~7天施1次提苗肥，开花结果前期进行第二次追肥，开花结果盛期再重施1次追肥，以后根据植株长势适当追肥。施肥前期以氮肥为主,后期要配合施用磷钾肥。

4.黄秋葵植株高大，容易倒伏，因此生长前期应中耕除草和培土2~3次。开花后可立竹竿作为支撑，将茎固定在竹竿上。

天台种植大苗

采收关键

黄秋葵从第 4~8 节开始节节开花结果，在温度适宜的条件下，花谢后 2~4 天可采收嫩果。采收过早产量低，采收过迟纤维多不能食用。前期一般 2~3 天采收 1 次，收获盛期一般隔天采收 1 次，收获中后期一般 3~4 天采收 1 次。黄秋葵茎、叶、果实上都有刚毛或刺，采收时应戴上手套，否则皮肤被刺，奇痒难忍。

食用与养生

黄秋葵汁液中含有果胶、牛乳聚糖和阿拉伯聚糖等黏性多糖，其脆嫩多汁，口感润滑，香味独特，除可生食外，还可以炒食、煮汤、做沙拉、油炸等。黄秋葵还有增强身体耐力和强肾补虚的作用，被誉为"植物伟哥"，是欧美运动员消除疲劳、快速恢复体力的首选蔬菜。

菜专家叮嘱

黄秋葵很多品种分枝性强，各个分枝都会结果。但家庭种植由于种菜空间都比较小，在管理上可以把长出来的分枝全部摘除，只保留主干结果，这样既美观，又便于管理，而且可以密植，对整体的产量又不会影响，可以收获更好的果实。

紫背天葵

紫背天葵

认识蔬菜

紫背天葵又名天葵、秋海棠、红叶、龙虎叶、紫背菜等，为秋海棠科秋海棠属多年生蔬菜。紫背天葵原产中国，在我国南方地区广泛栽培。其食用部位为幼嫩茎叶。

栽培季节

紫背天葵在华南地区可全年种植，但以春季 4~6 月插植为好。

栽培场所

紫背天葵适宜在庭院、阳台、窗台、客厅或天台等地方种植。

栽培容器

紫背天葵可采用各种大小花盆、瓶子、箱子、栽培槽栽培，深度为 25~30 厘米。无土基质栽培一般采用栽培箱、基质袋或基质槽。水培适合采用管道式和栽培箱等。

管道水培紫背天葵

土壤要求

紫背天葵对土壤要求不严格，也耐瘠薄，但以排水良好、富含有机质、保水保肥力强的微酸性壤土或沙壤土栽培为好，可用菜园土、厩（堆）肥、木屑配制。

栽培管理要点

1. 紫背天葵的茎节部易生不定根，多采用扦插繁殖。春季从健壮的母株上剪取 8~10 厘米长的顶芽，若顶芽很长，可再剪成 1~2 段，每段带 3~5 节叶片，摘去枝条基部 1~2 叶，然后直接扦插于培养土中，入土深度 1~2 节，株距 25~30 厘米。也可扦插在水槽中，每 1~2 天换水 1 次，待长出新根后种植于土中。

紫背天葵茎段水养

2. 扦插定植一般选晴天的下午进行，扦插后要浇足水，并保持土壤湿润；天气炎热时要用遮阳网覆盖遮阴，经过 6~7 天新根形成，撤去遮阳网，并施薄肥 1 次。当苗高 15 厘米以上，可摘心 1 次，以促进侧芽生长。

3. 紫背天葵喜温暖，生长适温 16~26℃，较耐热，稍耐寒；喜充足的光照，也耐半阴，夏季炎热要遮阴，避免暴晒，否则易使叶片提早老化。

槽栽紫背天葵小苗

盆栽紫背天葵大苗

4. 浇水的原则是保持土壤湿润，见干即浇，一般每 2~3 天浇水 1 次，夏季高温要早晚浇水 1 次，雨季要注意排水防涝。

5. 紫背天葵采收期长，要注意进行肥水管理，一般每 15 天左右追肥 1 次，苗期以速效性氮肥为主，进入采收期后，要求每采收 1 次追肥 1 次，以有机肥配合氮肥为主。

采收关键

紫背天葵一般在株高 20 厘米左右就可以采收。小苗时，采收不可过狠，采收过量会严重影响生长速度。当植株分株已经长成，营养叶多时，可加大采收。采收时基部留 2~3 节。

食用与养生

紫背天葵除含一般蔬菜所具有的营养物质外，还含有丰富的维生素 A、维生素 B、维生素 C、黄酮苷成分及钙、铁、锌、锰等多种对人体健康有益的元素。在我国南方地区常把紫背天葵作为一种补血良菜。紫背天葵嫩梢可直接炒食，或与鸡蛋煎炒。

菜专家叮嘱

紫背天葵容易种植，将采摘的约 15 厘米的枝条，直接放在装水的容器中，每天更换容器中的水，10~15 天即可长出新根。以后就可以不停地采收嫩枝食用。

三、秋季家庭菜园

小白菜

小白菜

认识蔬菜

小白菜又名油菜、青菜、不结球白菜、油白菜等，是十字花科芸薹属一二年生草本植物，常作一年生栽培。其原产于中国，南北各地均有分布，在我国栽培十分广泛。小白菜按生物学特征和栽培特点可以分为3种类型：秋冬白菜，以秋冬栽培为主，耐寒性弱；春白菜，冬性强、耐寒、抽薹迟；夏白菜，夏秋高温季节栽培，又称火白菜、伏菜，抗高温暴雨及病虫害。小白菜的食用部位是幼嫩植株。

栽培季节

小白菜主要有秋冬季、春季和夏季三大栽培季节。在南方利用品种调节，一年四季均可栽培。

栽培场所

小白菜生长期短，栽培容易，可选择阳台、天台、窗台和庭院种植，采用 LED 灯栽培箱还可以放在客厅，具有很好的观赏性。

槽栽小白菜

管道水培小白菜

小白菜种子

小白菜小苗

栽培容器

各种花盆、箱子、栽培槽都可栽培小白菜，深度 20 厘米即可。无土基质栽培一般采用栽培箱、基质袋或基质槽。水培适合采用管道式和栽培箱等。

土壤要求

小白菜以肥沃疏松、排水良好的土壤栽培为优，可用菜园土、有机肥、山皮土配制，并加适量的石灰。

播种育苗

小白菜既可直播，也可以育苗移栽。一般情况下，秋、冬多育苗移栽，春白菜直播和育苗兼有，夏白菜因环境温度高，生长速度快，直播可避免伤根，增强抗逆性。干种直播可撒播、条播、穴播，多用撒播的方式进行，简单方便。播种前把培养土浇透水，将种子均匀地撒在土壤表面，覆土 0.5~1 厘米厚，然后用细水喷壶淋湿。播种后在温度 20~25℃，湿度适宜的条件下，1~2 天即可出苗。播种应疏密适当，使苗生长均匀，避免播种过密，浪费种子，不仅增加间苗工作量，而且幼苗纤弱，不利于生长。移栽在 4~5 片叶时进行，间距 15~25 厘米。小白菜适合无土栽培，应采用小海绵块或穴盘育苗。

栽培管理要点

1. 小白菜喜温暖湿润环境，喜光、不耐炎热。出苗后注意保持土壤湿润，夏季要每天早晚浇水 1 次，春秋季可 2 天浇水 1 次。育苗移栽后要及时浇水，夏、秋季高温移苗后要适当遮阴保湿，以利于苗快速生长。

2.直播要经常间苗，从苗 2~3 片叶时开始间苗，最后间苗至株距 10~15 厘米，植株间距力求均匀。每次间苗后要浇水 1 次，结合浇水进行追肥。整个生长期内根据植株生长情况，要追肥 1~2 次，可使用氮、磷、钾的三元复合肥。

3.夏秋温度高，土表蒸发量大，出苗前可用遮阳网或湿布覆盖，提高保湿效果，避免表土干燥板结。

4.无土栽培多采用水培，以流动营养液循环灌溉。

客厅无土栽培小白菜

盆栽小白菜

采收关键

小白菜采收没有统一标准，可从 4~5 片叶开始结合间苗采收较小植株。分次采收更适合家庭栽培。最后收获期一般在播种后 20~40 天，气温高则采收时间短，反之则长。当外叶叶色变淡，基部外叶发黄，叶丛由旺盛生长转向闭合生长，心叶伸长至外叶齐平时应采收。

食用与养生

小白菜可生食、炒食，也可加工成菜干或腌渍食用。

菜专家叮嘱

小白菜品种较多,生育期长短差异较大。一般说来，生育期短的耐热性强，耐寒性弱，栽培上可以根据不同的季节选用不同类型的品种。通常情况下，秋冬季栽培时从入秋至初冬选择的品种生育期从短到长，春夏季栽培时选择的品种生育期从长到短，这样可以使品种适合生长季节，小白菜才能生长得更好。

菜 心

菜心

认识蔬菜

　　菜心又名菜花、菜薹，是十字花科芸薹属一二年生草本植物。菜心是我国南方特色蔬菜之一，被誉为"蔬菜之冠"。其品种资源丰富，适应性广，世界各地均有引种栽培。菜心的食用部位是幼嫩植株。

槽栽菜心

管道水培菜心

栽培季节

　　在南方地区，菜心通过品种调节，一年四季均可种植。早熟品种一般 5~10 月播种，中熟品种 9~11 月播种，晚熟品种 11 月至翌年 3 月播种。

栽培场所

　　菜心可选择阳台、天台、窗台和庭院种植，采用 LED 灯栽培箱还可以放在客厅，具有很好的观赏性。

栽培容器

　　各种花盆、箱子、栽培槽都可栽培菜心，深度 20 厘米即可。无土基质栽培一般采用栽培箱、基质袋或基质槽。水培适合采用管道式和栽培箱等。

土壤要求

菜心以肥沃疏松、排水良好的土壤栽培为优，可用菜园土、有机肥、山皮土加少量复合肥配制。

菜心种子

播种育苗

菜心既可直播，也可以育苗移栽。干种直播可撒播、条播、穴播。播种前把培养土浇透水，将种子均匀地撒在土壤表面，盖土 0.5~1 厘米厚，然后用细水喷壶淋湿。在温度 25~30℃、湿度适宜的条件下，1~2 天即可出苗。若苗过密，可在 2~3 片叶时开始间苗，使苗分布均匀，在 4~5 片叶时移栽。菜心适合无土栽培，应采用小海绵块或穴盘育苗。

菜心小苗

栽培管理要点

1. 菜心出苗前可用遮阳网或布条覆盖，冬季可提高保温效果，夏季则有保湿降温的作用。出苗后取下遮盖物。

2. 直播菜心在子叶长出时便开始间苗，间苗 1~2 次；在幼苗 2~3 片叶时移栽，株距早熟品种一般为 10 厘米 ×13 厘米，中熟品种为 17 厘米 ×20 厘米，晚熟品种为 20 厘米 ×23 厘米。

3. 移栽定植后要及时浇水，全生育期保持土壤湿润。夏季晴天早晚淋水，冬天可根据土壤情况每天或隔天淋水 1 次，过干植株会萎蔫。

菜心大苗

夏季高温缺水，极易引起植株枯萎死亡。雨天注意排水，防止积水。

4. 定植后至现蕾前以叶片生长为主，这一阶段需要充足的养分，以氮肥为主，可每 7~10 天追肥 1 次。现蕾后可适当增加磷钾肥的比例，以提高菜心产量和品质。生长后期开始接近采收时要停止追肥，以防采收时硝酸盐含量过高。整个生长期内应追肥 2~3 次。

采收关键

菜心以"齐口期"为收获标准，即菜薹高度与植株最上部叶齐平或接近时采收。早熟品种多数只采收一次主菜薹，中晚熟品种可以在采收主薹之后继续采收侧薹。如果计划采收侧薹的，第一次采收时在离植株基部2~3叶处割取主薹，利用这两三个腋芽萌发侧薹。在大部分植株主薹采收结束，伤口晾干后浇施肥料1次。以后侧薹长出时，可再采收1~2次。

食用与养生

菜心可炒食、做汤。菜心营养丰富，几乎含有人体所需的全部氨基酸。

菜专家叮嘱

一般家庭种植菜心多采用直播方式，随着菜心长大不断地间拔采收食用。但是对于中晚熟的品种，采用育苗移栽的方法，可以收获到比较理想的粗菜薹，食用风味更佳。菜心同小白菜一样，品种较多，早熟品种生育期短、耐热性强，晚熟品种生育期长、耐寒性强，不同季节种植时也要选择不同生育期的品种，可以避免过早开花，植株太小，产量低。

芥 菜

认识蔬菜

芥菜又名叶用芥菜、辣菜，是十字花科芸薹属一二年生草本植物。其起源于亚洲，为中国著名的特色蔬菜，欧美各国极少栽培。芥菜有结球与不结球两种，结球芥菜又名包心芥菜。芥菜的食用部位是植株。

芥菜

栽培季节

芥菜南方栽培以 8~10 月播种为好，有些品种也可在 2~3 月播种。

栽培场所

芥菜可选择阳台、天台和庭院种植。

栽培容器

各种花盆、容器、箱子、栽培槽都可栽培芥菜，深度 25 厘米即可。无土基质栽培一般采用栽培箱、基质袋或基质槽。水培适合采用管道式和栽培箱等。

无土基质栽培芥菜

土壤要求

芥菜对土壤的适应性广，以肥沃疏松、排水良好的土壤栽培为优，可用菜园土、有机肥、山皮土配制。

播种育苗

芥菜一般育苗移栽。播种前培养土要弄细碎，种子撒播于浇透水的土面，覆土 0.5 厘米厚，保持土壤湿润，20~25℃条件下 3~5 天出苗。撒播时若出苗过密，应及时于 1~2 片叶时间苗，去除弱、细、病苗，保持株距 3~5 厘米。也可采用穴盘基质育苗，每穴 1 粒种子，3~5 片真叶时即可移栽，株距 15~20 厘米，大型品种适当增大。

芥菜种子

栽培管理要点

1.撒播方法移栽时应尽量多带土，避免伤根，种植时注意不要让根系弯曲，定植后及时浇透水。无土栽培时，穴盘苗采用定植栏定植。

2.整个生长期要保持土壤湿润，以便降低土壤温度，延迟抽薹，提高产量和品质，一般 2~3 天浇水 1 次。芥菜对光照要求不严，但秋季播种要避免暴晒。

3.芥菜耐肥性强，需肥量大，应经常结合浇水追肥。要施足有机肥做基肥，定植 1 周后可追施 1 次速效肥提苗，其后每隔 10~15 天追肥 1 次，整个生长期施肥 2~3 次。前期氮肥可多些，后期应配合施用磷钾肥。采收前两周停止施肥。

芥菜移栽苗

庭院栽种芥菜

采收关键

家庭栽培可从小苗6~7片叶时开始采收食用，但一般在10~12片叶时才开始采收。采收时小心地将植株拔出，割去根茎部。大型品种也可以剥叶采收，每次每株剥1~2张叶片，每采收1~2次要追肥1次。

食用与养生

芥菜含有丰富的维生素和矿物质，并含有较多的纤维素。芥菜既可炒食，也可腌渍成糟菜后食用，小株采收以炒食为主。

菜专家叮嘱

芥菜除了食用叶子的品种外，还有一些品种以食用茎秆为主，称为茎用芥菜。茎用芥菜通常为一次性采收，其肥厚、新鲜的肉质茎适宜炒食，叶子也可以腌渍食用。

生菜

认识蔬菜

生菜是叶用莴苣的俗称，分为散叶生菜和结球生菜两种，属菊科莴苣属。生菜是二年生草本植物，常作一年生栽培。其原产欧洲地中海沿岸，在我国栽培历史较悠久，特别在东南沿海栽培更为广泛。散叶生菜又名春菜，结球生菜又名包春、美国生菜等，与散叶生菜相比不耐热。生菜的食用部位是嫩叶。

生菜

栽培季节

生菜在南方秋、冬季种植较多，利用品种调节，改良种植技术，夏秋季也可种植，基本上可以一年四季种植。

栽培场所

生菜适宜在庭院、天台、阳台、窗台等地方种植。

栽培容器

各种花盆、箱子、栽培槽都可栽培生菜，深度20厘米即可。无土基质栽培一般采用栽培箱、基质袋或基质槽。水培适合采用管道式和栽培箱等。

土壤要求

生菜喜微酸性土壤，以肥沃疏松、排水良好的土壤栽培为优，可用菜园土、厩肥或堆（沤）肥、河沙配制。

播种育苗

生菜可以直播，也可以育苗移栽。生菜种子粒较小，培养土应细碎疏松，播种前培养土先浇透水，种子均匀撒播于土面，覆土0.5~1厘米厚。直播栽培时应稀播，避免出苗过密影响生长。一般15~20℃条件下3~5天即可出苗。气温高于25℃时发芽困难，夏季播种时要进行催芽。先将种子浸种6小时，用湿布包好，置于5℃左右的冰箱冷藏室催芽，1~2天种子露白即可播种。3~4片真叶时移栽，散叶生菜株距15~20厘米，结球生菜株距30厘米左右。

栽培管理要点

1.苗期忌干旱，应早、晚细水喷淋，保持土壤湿润。2片真叶时即可间苗，除去弱苗、高脚苗和过密处的苗，保持间距5厘米。

盆栽生菜

定植篮种植紫生菜

客厅无土栽培生菜

生菜种子

生菜小苗

槽栽生菜

2.定植时要尽量多带土，少伤叶，宜在傍晚定植，并浇透水。夏季定植后可用遮阳网遮阴保湿，以利快速缓苗。

3.定植1周后可用速效氮肥提苗1次，以后结合浇水，用腐熟有机肥或速效的氮磷钾三元复合肥每10天左右浇施1次，采收前两周左右停止浇肥。

4.生菜喜冷凉，生长适温15~20℃，夏季高温生长不良，品质差，要注意遮阴降温。结球生菜结球适温17~18℃，高于20℃不易结球。

采收关键

散叶生菜采收没有严格标准，从小苗期即可结合间苗陆续采收，在植株充分长大而未老化前采收最好，直接从土中拔出或割下即可。结球生菜应在结球后但不出薹、不破肚时采收。

食用与养生

生菜被誉为"蔬菜皇后"，富含各种维生素和微量元素，以嫩叶直接生食、炒食或凉拌。茎叶中含莴苣素，可镇痛催眠，降低胆固醇；含有一种"干扰素诱生剂"，可刺激人体正常细胞产生干扰素，从而产生一种"抗病毒蛋白"抑制病毒。

菜专家叮嘱

有些散叶生菜品种适应性较强，基本上可以四季种植。通常温度高时栽培应小株采收，以免高温高湿引起底部叶片腐烂。结球生菜高温时不易结球，只长叶片，如需结球采收，南方最好在秋冬或冬春栽培。

芥蓝

认识蔬菜

芥蓝为十字花科芸薹属一二年生草本植物，原产我国南方，栽培历史悠久，是我国的特色蔬菜之一。其食用部位是植株。

芥蓝

芥蓝开花

栽培季节

芥蓝在南方可秋、冬季栽培，一般8~10月播种育苗。

栽培场所

芥蓝适宜在庭院、天台、阳台等地方种植。在客厅采用LED灯栽培箱也可以栽培。

客厅无土栽培芥蓝

栽培容器

各种花盆、箱子、栽培槽都可栽培芥蓝，深度20厘米即可。无土基质栽培一般采用栽培箱、基质袋或基质槽。水培适合采用管道式和栽培箱等。

土壤要求

芥蓝对土壤要求不严，喜疏松、保湿性强的土壤，耐肥，可用菜园土、厩

芥蓝种子

芥蓝直播小苗

芥蓝移栽

肥或堆（沤）肥、泥炭土配制。

播种育苗

芥蓝可以直播，但多为育苗移栽，才可获得高产。播种前培养土浇透水，种子撒播，覆土 0.5~1 厘米厚，保持土壤湿润，25~30℃下 3~4 天可出苗。出苗后只要土壤不干则不必浇水，以免徒长，光照过强要遮阴。2 片真叶时间苗 1 次，除去细弱苗和病苗，3~4 片真叶时可喷施 1 次稀薄的腐熟有机肥。幼苗 4~6 片真叶时即可移栽，株距 20~25 厘米。

栽培管理要点

1.芥蓝定植后要浇透水，生长前期需肥量少，定植 1 周后可随浇水浇施 1 次腐熟有机肥，以氮肥和钾肥为主。现蕾后再浇施 1 次肥，以氮磷钾复合肥为主。

2.芥蓝不耐干旱，但土壤过湿也会影响生长，现蕾前要适当控水，现蕾后需不断增加水量，保持土壤湿润，每 2~3 天浇水 1 次。生长旺盛期可早晚浇水，并适当培土，以防倒伏。

3.芥蓝喜凉爽温和的气候，生长适温 15~25℃，30℃以上不利于菜薹发育。生长期间要有充足的光照，应避免过于荫蔽。

采收关键

芥蓝从现蕾到采收需要 10~15 天，主薹高度与外叶平齐、有 1~2 朵花开放时即为最佳采收标准。主薹采收后，继续加强肥水管理，促发侧薹生长，以延长采收期，提高产量。采收应在晴天上午进行，用小刀在植株基部切下，基部约留 5 片叶，以利于侧薹发生。采收侧薹时留 2 片叶，还可以形成次生侧薹。

食用与养生

芥蓝的食用部位是肥大的肉质茎和嫩叶，适于炒、拌、烧，也可做配料、汤料等。芥蓝含极丰富的维生素和矿物质，并含有丰富的硫代葡萄糖苷，可降解萝卜硫素，是所有蔬菜中抗癌功能最强的。

菜专家叮嘱

芥蓝由于品种不同，其生长也有一定的差异，在种植上也有所不同。如广东芥蓝茎秆粗壮，一般采用育苗移栽，培育粗壮幼嫩茎秆；而福州本地芥蓝植株相对较小，茎秆细嫩，适合密植，一般采用直播，更加省工、省力、高产。

菠 菜

认识蔬菜

菠菜又名红根菜、波斯草，是藜科菠菜属一年生或二年生草本植物。菠菜原产于波斯（现伊朗地区），在我国栽培历史悠久，各地均有栽培。其根据种子外形分为有刺菠菜和无刺菠菜两种，有刺种又称为尖叶菠菜，成熟期早，叶片薄，品质略差；无刺种也称圆叶菠菜，成熟晚，叶大而厚，品质好。菠菜食用部位是幼嫩植株。

菠菜

栽培季节

菠菜适合秋、冬季种植，南方一般在 9~11 月播种。

栽培场所

菠菜适宜在庭院、阳台或天台等地方种植。

栽培容器

菠菜采用各种花盆、箱子、栽培槽栽培，深度20~25厘米。无土基质栽培一般采用栽培箱、基质袋或基质槽。水培适合采用管道式和栽培箱等。

土壤要求

菠菜喜肥沃疏松、保水保肥的沙壤土，酸性土壤对菠菜生长不利，可用菜园土、厩肥或堆（沤）肥、河沙配制。

菠菜种子

菠菜袋栽出苗

菠菜中苗

栽培管理要点

1.菠菜通常采用直播，以撒播为主。干种子果皮坚硬，发芽困难，播种前可对种子进行处理，用河沙和种子混合均匀后揉搓，轻微地弄破种皮，或用凉水浸泡12小时，捞出后在阴凉处晾至种子表面略干时播种。市场上销售的菠菜种子大多有用药剂包衣，可不浸种直接播种。

2.播种前培养土浇透水，将种子均匀撒播于土面，覆土1厘米厚，稍压实。出苗前若土面干燥，可用喷雾方式细水喷浇，约1周开始出苗。

3.菠菜不耐涝，忌干旱，生长期间要保持土壤湿润，一般1~2天浇水1次。高温时根据需要，可早、晚浇水。

4.菠菜出苗慢，幼苗生长较慢，杂草生长得快，要及时除草避免草荒。长出两片真叶后其生长速度加快。

5.若苗密度过大，可在3~4片真叶时间苗1次。如果小苗发黄、长势较弱，可浇施1次稀薄的有机肥。从4~5片真叶起，叶片生长旺盛，可根据生长情况，用0.3%~0.5%氮磷钾三元复合肥喷施，以促进生长。采收前 10 天停止浇肥，以免叶片积累过多的硝酸盐。

6.菠菜喜光，但不耐强光直射；不耐高温，生长适温 15~25℃，前期早播时需注意遮阴。后期播种温度低，日照弱，应控制氮肥的用量，减少叶片硝酸盐积累。

菠菜开花

采收关键

菠菜播种后 30~40 天即可陆续采收，可以间拔采收或一次性采收。间拔采收时要挑大留小，间密留稀。留下的菠菜行株距要均匀，稀密适当，以利充分发棵，生长一致。

食用与养生

菠菜富含维生素和矿物质，尤其是铁含量较高，被称为"营养的宝库"。菠菜适于炒、拌、烧，也可做配料、汤料等。

菜专家叮嘱

菠菜是容易积累硝酸盐的蔬菜，所以种植菠菜时不宜施用过多的氮肥，而且不同的肥料种类对菠菜硝酸盐积累不一样。所以种植菠菜最好多用有机肥，在施用含氮化肥时也尽量使用尿素、硫酸铵等，可以降低植株的硝酸盐含量，有利于健康。

小贴士：菠菜不宜与豆腐一起食用

菠菜中含有大量的草酸，会与豆腐中的钙离子相结合，影响人体对钙的吸收。如果非要菠菜、豆腐一起吃，就必须先把菠菜焯一下，使草酸溶解到水里，然后才可与豆腐一起食用。

芹 菜

芹菜

芹菜开花

认识蔬菜

芹菜又名药芹、香芹、蒲芹，属伞形科芹菜属二年生草本植物。芹菜原产地中海沿岸，在我国栽培历史悠久，分布广泛。芹菜根据生长习性有水芹、旱芹两种，二者功能相近，药用以旱芹为佳。芹菜根据叶柄的形态，又可分为中国芹菜和西芹两种，家庭种植以中国芹菜类型的旱芹为主。芹菜的食用部位是幼嫩植株。

盆栽芹菜

栽培季节

芹菜家庭栽培一年四季均可播种，但以春、秋季栽培为好。春芹菜需要在室内或保温育苗，一般在1~2月育苗，夏芹菜在4~5月育苗，秋芹菜在7~8月育苗，越冬芹菜在9~10月育苗，在最低气温高于5℃的地方可露地安全越冬。

栽培场所

芹菜适宜在庭院、阳台、窗台或天台等地方种植。

栽培容器

芹菜采用各种花盆、箱子、栽培槽栽培，深度15~20厘米。无土基质栽培一般采用栽培箱、基质袋或基质槽。水培适合采用管道式和栽培箱等。

土壤要求

芹菜以疏松肥沃、排水良好的壤土栽培为宜，可用菜园土、厩（堆）肥、河沙配制。

播种育苗

芹菜既可育苗移栽，也可直播，以前者居多。播种前培养土要浇足底水，将种子与河沙按1∶5混合后播种，有利于播种均匀。一般采用撒播，播种后覆土1厘米厚，保持土壤湿润，待苗有5~6片叶时即可移栽。

箱栽芹菜

芹菜种子

栽培管理要点

1.芹菜出苗前最好进行遮盖保湿遮阴，出苗后揭掉遮盖物，及时间苗，一般要间苗2~3次。采用直播不移栽方式的，最后按间距10厘米左右定苗。

2.芹菜苗期长，生长缓慢，需50~60天，杂草多容易危害幼苗，应及时除草。除草要小、要早，同时避免拔草时带出菜苗。芹菜在生长前期行间空隙大，需常中耕除草。中耕宜浅不宜深，达到除草目的即可。

3.定植要在晴天傍晚进行，育苗床要浇透水，起苗时尽量少伤根，带土移栽有利于成活，每丛3~4株，丛距15~17厘米，定植深度与幼苗在苗床上的深度一致，露出心叶。定植后要浇透水。

芹菜穴盘育苗

4.芹菜喜冷凉气候，耐阴、不耐热、不耐旱。生长适温为15~20℃，超过26℃生长不良。整个生育期间要保持土壤湿润，高温时期要早晚浇水，如光照太强，要进行遮阴。采用小盆栽培的可移至阴处，接受散射光即可。

5.定植缓苗后，每隔7~10天浇肥1次，一般结合浇水进行，前期以速效氮肥为主，中后期可增加磷钾肥。

6. 为提高芹菜品质，可进行软化栽培，使茎秆更加白嫩，叶柄软化，提高品质。方法是：当芹菜长至30厘米左右时，用遮阳网或宽布条围住芹菜四周，高度25厘米即可。

采收关键

芹菜生长期较长，一般在苗高40~50厘米时即可分次、分批采收，采收时可整丛拔起。

食用与养生

芹菜适于炒食、凉拌、做馅等。芹菜营养丰富，含纤维素、蛋白质、维生素及人体所需的多种矿物质，同时芹菜中含酸性的降压成分，有平肝降压作用，特别适合高血压、动脉硬化患者及经期妇女食用。

菜专家叮嘱

芹菜种子出苗难，播种前应先进行种子处理：用水浸泡种子24小时，洗净后用湿布包好，放于窗台或阳台太阳不能直射的地方，保持一定的散射光，5~6天种子露白后即可播种。夏季天气炎热，可浸种后放于冰箱冷藏室内，2~3天种子露白后即可播种。

茼 蒿

认识蔬菜

茼蒿又名蓬蒿菜、蒿菜、菊花菜、义菜等，是菊科茼蒿属一二年生草本植物。茼蒿原产于地中海地区，在我国南北各地广泛栽培。茼蒿依叶片大小可分为大叶茼蒿和小叶茼蒿两种，大叶的产量高，小叶的耐热性强。其食用部位是幼嫩植株。

大叶茼蒿

栽培季节

茼蒿在南方秋、冬季种植，通常在 9 月中旬至 10 月播种栽培产量高，品质好。

栽培场所

茼蒿适宜在庭院、阳台、窗台、客厅或天台等地方种植。

栽培容器

茼蒿采用各种花盆、箱子、栽培槽栽培，深度 20 厘米。无土基质栽培一般采用栽培箱、基质袋或基质槽。

土壤要求

茼蒿对土壤要求不严格，以疏松肥沃、排水良好的沙壤土栽培为宜，可用菜园土、有机肥、河沙配制。

栽培管理要点

1. 茼蒿可直播，也可育苗移栽，但以直播为主，可干种直播。为了出苗整齐和早出苗，也可将种子进行处理后播种。播种前将种子浸泡 24 小时，漂洗后滤干水分，用湿布包好，放在 15~20℃ 条件下催芽，待种子露白时播种，播后覆土约 1 厘米厚。可撒播或条播，条播时行距约 10 厘米。

2. 播种后约 1 周即可出苗，在幼苗长到具有 2~3 片真叶时应进行间苗，并拔除田间杂草。撒播的间苗应使株距保持约 4 厘米，条播的株距控制在 3~4 厘米。

3. 茼蒿在生长期间不能缺水，应保持土壤湿润，但雨季播种的茼蒿，在种苗刚

袋栽小叶茼蒿

管道栽培茼蒿

茼蒿开花

茼蒿种子

茼蒿袋栽小苗

出土时，应控制水分，以防病害发生，以后应保持田间经常湿润，遇雨注意防涝，排除积水。秋播前期温度高，出苗前可用湿布或遮阳网覆盖，以利于出苗。

4.追肥以速效氮肥为主，一般在苗高10~12厘米时开始追肥，以后每采收1次，追施1次肥料。

5.茼蒿对光照要求不严，采用盆栽在出苗后若光照太强，可移至窗台或客厅栽培。

采收关键

茼蒿一般生长40~50天，植株高15厘米左右时即可收获。大叶茼蒿分枝性强，如果想进行多次收获，可用利刀在主茎基部留1~2叶割下，割后留下的老苑要及时进行追肥和浇水，以促进新的侧枝生长。茼蒿可一直收割直至开花。

食用与养生

茼蒿的茎和叶可以同食，有蒿之清气、菊之甘香，一般的营养成分无所不备，尤其胡萝卜素的含量超过一般蔬菜。幼苗或嫩茎叶可炒食、做汤或火锅烫食。

菜专家叮嘱

小叶茼蒿分枝性不如大叶茼蒿，通常都是一次性采收。栽培上小叶茼蒿以撒播为主，采收时可以全株拔出或直接割收地上部分。小叶茼蒿耐热性较强，一般播种期可以比大叶茼蒿更早些。

芫荽

认识蔬菜

芫荽又名胡荽、香菜、香荽等，属伞形科芫荽属一二年生草本植物。芫荽原产地中海沿岸，分布我国各地，以华北最多，四季均有栽培，是人们喜食的佳蔬之一。其食用部位是幼嫩植株。

芫荽

芫荽开花

栽培季节

芫荽家庭栽培一年四季均可播种，以日照较短、气温较低的秋季栽培为好。

栽培场所

芫荽适宜在庭院、阳台、窗台、客厅或天台等地方种植。

管道栽培芫荽

栽培容器

芫荽可用各种花盆、箱子、栽培槽栽培，深度15~20厘米。无土基质栽培一般采用栽培箱、基质袋或基质槽。水培适合采用管道式或栽培箱等。

槽栽芫荽

芫荽种子

芫荽穴盘育苗

土壤要求

芫荽对土壤要求不严格，但以疏松肥沃、排水良好的壤土栽培为宜，可用菜园土、厩（堆）肥、山皮土配制。

栽培管理要点

1.芫荽可直播，也可育苗移栽，但以直播为主。家庭栽培一般采用直播，可撒播也可条播。芫荽的种子是双悬果，内有两粒种，播种前用小木棍碾轧种子，将果实搓开，可提高发芽率。播种前浇透培养土，播后覆土 1~1.5 厘米厚。

2.夏季温度较高，需用清水浸种 24 小时后搓散，放于 20℃左右的环境下催芽，5~7 天可露白播种。

3.干种直播 15~20 天出苗，出苗前保持土壤湿润，注意防除杂草。苗期生长速度慢，忌浇水过多。苗出齐后要及时间苗，3~4 片叶时即可定苗，苗距 3~4 厘米。

4.生长前期，因生长量小，且有基肥供给生长，需肥不多，一般结合浇水，每周施速效氮肥 1 次，浓度宜低，以免焦叶。苗高 10 厘米以上时生长旺盛，需肥量迅速增加，除施速效氮肥外，还应增施磷钾肥，浓度宜适当提高。

5.芫荽喜凉爽，生长适温为 17~20℃，超过 30℃则生长停止。温度高时要注意遮阴降温。

采收关键

芫荽收获期不严格，从幼苗至现蕾前均可陆续采收。可按需分批先采收大的植株，也可一次性采收。采收时连根拔起。

食用与养生

芫荽含有许多挥发油，其特殊的香气就是挥发油散发出来的，能祛除肉类的腥膻味。芫荽主要以茎叶作为调味品，也可以火锅烫食或蘸酱生食。

萝卜

认识蔬菜

　　萝卜又名莱菔、芦菔、诸葛菜，是十字花科萝卜属一二年生草本植物。萝卜原产于我国，南北各地广泛栽培，现在世界各地均有栽培。其食用部位是肉质根。

萝卜

萝卜开花

栽培季节

　　萝卜可春、秋季种植，南方秋季种植一般在8~10月份播种，春季种植一般在3月份播种。

栽培场所

　　萝卜适宜在庭院、阳台或天台等地方种植。

栽培槽种植萝卜

栽培容器

　　萝卜采用中等花盆、箱子、栽培槽栽培，深度40厘米以上。

土壤要求

　　萝卜喜疏松、肥沃的沙质土壤，可用菜园土、厩（堆）肥、河沙配制。

萝卜种子

萝卜出苗

萝卜小苗

萝卜大苗

栽培管理要点

1.萝卜不宜移栽，以直播为主。培养土先浇透水，待水渗下后，在土面上轻压一个小穴，穴距20~25厘米，深1~2厘米。将种子点播于穴内，每穴2~3粒种子，覆土约1厘米厚。

2.播种后保持土壤湿润，在20~25℃条件下，2~3天即可出苗。当有2片真叶出现时及时间苗，除去过密及病弱小苗，5~6片叶时定苗，每穴留苗1株。

3.萝卜生长期间保持土壤湿润，特别是肉质根膨大期，更要注意及时浇水。土壤过干板结会引起肉质根畸形分叉。浇水要均匀，不可忽干忽湿，以免引起肉质根开裂。切忌在中午浇水，以防嫩叶枯萎和肉质根腐烂。采收前1周停止浇水。

4.当幼苗有7~8片真叶时，萝卜根开始"破肚"，应随水追肥1次，以速效性氮肥为主。肉质根快速膨大时再浇肥1次，配合追施钾肥。

采收关键

萝卜播种后50~60天即可分批采收。采收要及时，否则易老化、空心，品质变劣。当肉质根充分膨大，叶色转淡，开始变为黄绿色时，即可采收。采收时连根拔起。

食用与养生

俗话说"冬吃萝卜夏吃姜"。萝卜可促进人体新陈代谢和增进消化作用。萝卜可炒食、凉拌、炖汤，也可腌渍做成萝卜干。

菜专家叮嘱

　　萝卜有时候会出现糠心（空心）现象。预防萝卜糠心一是要做好水肥管理，后期土壤不能干旱太久，减少氮肥施用量，多施有机肥；二是不能种植过密，造成植株互相遮阴，光照不足，肉质根得不到充分的营养。

胡萝卜

胡萝卜

认识蔬菜

　　胡萝卜又名胡萝菔、黄萝卜、金笋、丁香萝卜等，是伞形科胡萝卜属二年生草本植物。胡萝卜原产于地中海，主要分布于欧洲与亚洲，我国普遍栽培。其食用部位是肉质根。

栽培季节

　　胡萝卜以秋季种植为主，一般在9~10月播种。

栽培场所

　　胡萝卜适宜在庭院、阳台或天台等地方种植。

栽培容器

　　胡萝卜采用各种大小花盆、箱子、栽培槽栽培，深度30~40厘米。

胡萝卜种子

槽栽胡萝卜大苗

胡萝卜根部膨大

土壤要求

胡萝卜喜疏松、肥沃的沙质土壤，可用菜园土、厩（堆）肥、河沙配制。

栽培管理要点

1.胡萝卜以直播为主，可撒播或点播。培养土要细碎，播种前先浇透水，待水渗下后，将种子均匀地撒播于培养土上，覆土0.5~1厘米厚。点播时穴距10~15厘米，每穴2~3粒。18~25℃条件下约10天出苗。

2.幼苗期生长缓慢，注意控水以免徒长，不干不浇，保持土壤湿润即可。同时要注意预防杂草，及时除草。1~2片真叶时进行第一次间苗，拔除过密植株，株距2~3厘米；3~4片真叶时再次间苗，株距约5厘米；5~6片真叶时间苗定苗，株距10~15厘米。选留大小均匀的健壮苗。

3.进入叶片生长旺盛期要适当控制水分，需要时可适当培土。肉质根开始膨大时要增大浇水量但不能积水，高温时要早晚浇水。

4.有7~8片真叶时开始施肥，结合浇水，每20天左右浇肥1次，切忌浇肥浓度过高，以免引起烧根。肉质根开始膨大时适当增加磷钾肥的比例。

采收关键

一般种植约4个月、肉质根充分膨大时，即可采收。通常此时肉质根附近土壤会出现裂纹，心叶呈黄绿色且外叶开始枯黄，有的根头部稍露出土表，即为采收适期。采收时可将胡萝卜直接拔出。

食用与养生

胡萝卜富含胡萝卜素，可增强免疫力，抗癌防病。胡萝卜适合炒食、生食和煮食，也可做配料或压榨果汁食用。

樱桃萝卜

樱桃萝卜

认识蔬菜

　　樱桃萝卜是一种小型萝卜，也称为四季萝卜，属十字花科萝卜属一二年生草本植物。樱桃萝卜皮色有红、白、粉红等，肉色多为白色，单根重十几克到几十克。其食用部位是肉质根。

栽培季节

　　樱桃萝卜一年四季均可栽培，生育期短，以春、秋季栽培最佳。

栽培场所

　　樱桃萝卜适宜在庭院、窗台、阳台或天台等地方种植。

樱桃萝卜

栽培容器

　　樱桃萝卜采用各种大小花盆、箱子、栽培槽栽培，深度20~25厘米。无土基质栽培一般采用栽培箱、基质袋或基质槽。

土壤要求

　　樱桃萝卜对土壤适应性强，以疏松、肥沃的沙质土壤栽培为好，可用菜园土、有机肥、河沙配制。

樱桃萝卜种子

樱桃萝卜小苗

无土基质栽培樱桃萝卜

栽培管理要点

1.樱桃萝卜以直播为主，可撒播或穴播。培养土先浇透水，待水渗下后，种子均匀地撒播于培养土上。穴播时在土面上轻压一个小穴，穴距8~10厘米，深1~2厘米。将种子点播于穴内，每穴2~3粒种子，覆土约1厘米厚。

2.播种后保持土壤湿润，在15~20℃条件下，2~3天即可出苗。当有1片真叶时进行第一次间苗，除去过密及病弱小苗，3~4片真叶时定苗，撒播时株距8厘米左右，穴播每穴留苗1株。

3.樱桃萝卜喜光，光照不足叶色变淡，叶柄变长，肉质根不易膨大。在整个生长期间要保持土壤湿润，夏天要每天浇水，并注意浇水均衡，不可忽干忽湿，以免裂根。水分不足易引起表皮粗糙、味辣、空心等现象。夏天暴晒时要适当遮阴，温度过高易生长不良。

4.樱桃萝卜生育期短，如果培养土较为肥沃，生长期间一般无需追肥。苗期如果植株叶片颜色发黄，可适当浇施些速效氮肥。

采收关键

樱桃萝卜从播种到采收约30天，高温季节时间短，低温季节时间长。当肉质根颜色鲜艳，充分膨大时即可采收。采收过早影响产量，采收过迟纤维增多，且易空心、裂根。

食用与养生

樱桃萝卜品质细嫩、清爽可口，而且有较高的营养价值，可生食、凉拌或腌渍。

菜专家叮嘱

　　樱桃萝卜栽培过程容易裂根，主要是由于肉质根生长前期高温干旱，生长后期供水充足，迅速吸水膨大，胀破表皮所致。预防措施是在肉质根生长前期高温干旱时要及时浇水，生长中后期浇水要均匀，避免中午高温时浇水。

小　葱

认识蔬菜

　　小葱又名细香葱、北葱、分葱等，是百合科葱属多年生草本植物。小葱原产于我国，栽培历史悠久，在我国广泛栽培。小葱特别适合家庭种植，可随时满足家庭烹饪对调味菜的需求。其食用部位是鳞茎、幼株。

小葱

小葱开花

栽培季节

　　小葱多为秋季种植，一般在 7~8 月开始种植。也有很多小葱品种耐热性强，可以在春、夏季种植。

栽培场所

　　小葱适宜在庭院、天台、阳台、客厅、窗台等地方种植。

阳台盆栽小葱

小葱箱栽

小葱种子

稻草覆盖

栽培容器

各种花盆、箱子、栽培槽都可栽培小葱，深度应为 20~25 厘米。无土基质栽培一般采用栽培箱、基质袋或基质槽。水培适合采用管道式和栽培箱等。

土壤要求

小葱对土壤要求不严，以肥沃疏松、排水良好的土壤为佳，可用菜园土、厩肥或堆（沤）肥、河沙配制。

播种育苗

小葱可用种子直播，但更多的是采用鳞茎即葱头种植。用葱头种植生长速度快。种植前将葱头剥出 1~2 个顶芽，剪去枯叶，不要剪到白色的叶鞘。葱头种植 2~3 粒一丛，育苗移栽 5~8 株一丛，丛距 15~20 厘米。采用盆栽时也可以单粒葱头种植，株距 5~6 厘米均匀种植于盆内。干种子播种育苗时，先将培养土浇透水，播种后覆土约 0.5 厘米厚，再用细孔壶浇透水，保湿约 1 周陆续出苗，4~5 周即可移栽。

栽培管理要点

1. 小葱移栽后浇足水，以利于缓苗。葱头种植还可在土面上覆盖一层稻草保湿。小葱根系浅，不耐旱也不耐涝，应小水勤浇，保持土壤湿润。一般 4~5 天浇 1 次水。

2. 小葱根系吸收能力弱，不耐浓肥，叶丛生长较弱时可施 1 次 0.2% 的尿素，生长期间以施有机肥为主，不可偏施氮肥。

3. 小葱生长适温为 15~25℃，超过 25℃ 植株生长细弱。小葱对光照要求不严，要避免高温和暴晒，光照太强时要适当遮阴，盆栽也可搬于室内或窗台等阴处种植。

采收关键

　　小葱栽植成活后可不断分蘖，一般栽培2~3个月株丛已较繁茂，即可采收。收获时每穴拔2~3株苗，采收后要把根部土压好，并进行适当的培土，促进分株生长。家庭食用时也可以直接在离地3厘米左右割去地上部，留地下部继续生长，结合培土，一段时间后又可以长出翠绿葱叶。小葱也可以在子叶大部分变黄时将鳞茎挖出，晾干后置于通风处保存，鳞茎可于来年继续繁殖。

食用与养生

　　小葱含有葱蒜辣素，辛香味浓，常做菜肴调料，有健胃发汗的功效。

菜专家叮嘱

　　小葱除了用种子和葱头种植外，还可以直接用从菜市场上买回来的整株小葱种植。种植时剪去部分根须，留8~10厘米植株，然后直接种植于培养土中，浇透水，保持土壤湿润但不积水，1周后即可正常生长。

蒜

认识蔬菜

　　蒜又称葫蒜、蒜头、大蒜头、独蒜，是百合科葱属中以鳞芽构成鳞茎的一年生或二年生草本植物。蒜分为大蒜、青蒜两种，原产于欧洲南部和中亚，中国是世界上蒜栽培面积和产量最大的国家之一。蒜的食用部位是鳞茎、蒜薹、幼株。

蒜

栽培季节

蒜喜冷凉的环境条件，在南方一般以秋播为主，在 8~10 月开始种植。

栽培场所

蒜适宜在庭院、天台、阳台、窗台等地方种植。

箱栽蒜

栽培容器

各种花盆、箱子、栽培槽都可栽培蒜，深度应为 20~25 厘米。无土基质栽培一般采用栽培箱、基质袋或基质槽。水培适合采用管道式和栽培箱等。

土壤要求

蒜喜肥沃疏松、富含有机质、微酸性的土壤，可用菜园土、厩肥或堆（沤）肥、木屑配制。

蒜瓣

播种育苗

蒜通常以鳞茎（蒜瓣）做种，也可以用种子播种育苗后移栽。家庭栽培的蒜以采收青蒜为主，播种前要做好选种工作，最好从有 5~7 瓣的蒜头上选肥大形正、饱满、长 3 厘米、横切面 2 厘米以上的蒜瓣做种。播种前如需催芽，可将蒜瓣放于冰箱冷藏室，保持温度 4℃ 左右，几天后发芽即可取出播种。大蒜播种一般适宜深度为 3~4 厘米。蒜播种方法有两种：一种是插种，即将种瓣插入土中，播后覆土，轻压实；二是开沟播种，即用锄头开一浅沟，将种瓣点播土中，播后覆土 2 厘米厚。随后浇 1~2 天的水，为防止干旱，可在土上覆盖一层稻草或其他保湿材料。

稻草覆盖

栽培管理要点

1.蒜在幼苗生长期虽有种瓣提供营养，但

为促进幼苗生长，增大植株的营养面积，仍应适期追肥。苗高5厘米左右时，可追施1次稀薄的腐熟有机肥。

2.播后40天左右进行第二次追肥，若土壤较干，追肥后接着再灌水1次促苗。追肥要勤、要淡，以保持土壤湿润，利于蒜苗生长。

3.由于蒜根系吸收水肥的能力弱，故追肥应施速效肥，以免脱肥而出现叶尖发黄。

水培青蒜苗

4.如果是采用割青的方式，每割收1次，要追肥1次。在苗高15厘米左右，用盆扣住蒜苗完全遮光，就可以采收到蒜黄。

采收关键

蒜苗长到20厘米以上后，可陆续分批选收，或者隔株采收，一般是一次性连根拔起。家庭常割青蒜食用，割青选晴天，在离地面3厘米处用刀割苗采收，一般可以连续割收3次。

食用与养生

蒜可以炒食，但更多作为调味菜。蒜含有大蒜素，味辛辣，有杀菌和增进食欲的作用，是常用的佐料蔬菜。蒜中还含有数百种有益人体的物质，也是常见食物中有机锗含量最为丰富的，而且还含有硒，有很强的抗癌作用。

菜专家叮嘱

蒜除了可以用土壤或基质栽培外，还可以直接用水培，一样可以收获青蒜苗。将买回来的蒜头，小心剥去外衣，蒜瓣还是连在一起的，把蒜头直接放在装有少量水的容器里，水深以刚好淹过根头部为宜。以后每天换水1次，温度适宜条件下，3~4天就会长出青蒜苗，这时就可以连蒜头一起采收了。

小贴士：

大蒜存放期间容易发芽，这里有一个简单方法可以保鲜。先剥掉大蒜的外衣，再依次去掉根部和蒂部，将蒜瓣完全剥开放入干净碗碟中，用保鲜膜将碗碟包裹好，放置在阴凉处，放很长时间都能新鲜如初。

四、冬季家庭菜园

甘 蓝

甘蓝

认识蔬菜

甘蓝又名高丽菜、结球甘蓝、洋白菜、包菜、圆白菜、卷心菜等，是十字花科芸薹属二年生草本植物。甘蓝原产于欧洲地中海沿岸，我国南北各地均普遍栽培。其食用部位是叶球。

栽培季节

甘蓝在南方通过品种调节一年四季可栽培，但是以秋冬种植、冬春收获为好。夏季栽培要选择耐热性强的早熟品种，越冬栽培则要选择耐寒性强的晚熟品种。

栽培场所

甘蓝适宜在庭院、阳台或天台等地方种植。

牛心甘蓝

栽培容器

甘蓝采用较大花盆、箱子、栽培槽进行栽培，深度30厘米。无土基质栽培一般采用栽培箱、基质袋或基质槽。

土壤要求

甘蓝以疏松、肥沃、排水良好的壤土栽培为好,可用菜园土、厩(堆)肥配制。

播种育苗

甘蓝可撒播或条播,也可以用穴盘或营养袋育苗,穴盘育苗定植成活率高。播种前培养土浇透水,将种子均匀地播于土面上,播后覆土 0.6~0.8 厘米厚。然后保持土壤湿润,在 15~20℃条件下一般 3~4 天即可出苗。幼苗出齐后至 2 片真叶前,保持土壤见干见湿,并需要一定的光照条件,以免徒长或发生病害。当苗长到 2 叶 1 心时,可视具体情况进行 1 次间苗,当幼苗长到 4 片叶时,进行第二次间苗。苗期视苗情可适当追施 1~2 次稀薄有机肥。幼苗 5~6 片真叶时即可定植。根据品种特性,早熟品种宜密植,株距 30 厘米左右,晚熟品种宜稀植,株距 40~45 厘米。

盆栽甘蓝

栽培管理要点

1.为了缩短缓苗期,夏、秋甘蓝移栽时间应放在下午或傍晚,最好是阴天进行。定植后,要及时浇水,其中夏甘蓝应在早、晚浇水,整个生长期要保持土壤湿润。

2.生长期内应保持阳光充足,如光照不足,则影响包心。

3.结球时对水分的需求量大,应加大浇水量。在结球后期浇水要均匀,以免引起球茎畸形或开裂,接近成熟时要停止浇水。

4.移栽 1 周后要浇施速效性肥料进行提苗,莲座期(叶片平展成莲座状)至结球期需养分较多,应及时浇施肥料 1~2 次,结球期用 0.5% 复合肥浇施 1~2 次。

甘蓝种子

甘蓝移栽植株

采收关键

在叶球大小定型、紧实度达到八成时即可采收，以免发生叶球破裂，被雨水侵袭引起腐烂，影响产量和品质。

食用与养生

甘蓝可炒食或做沙拉及配菜，亦可腌渍泡菜食用。

菜专家叮嘱

甘蓝是属于绿体春化的蔬菜品种，也就是说当幼苗植株长到3~5片叶子、茎粗达到0.6厘米以上时，就会因为低温通过春化，从而抽薹开花。越是早熟的品种通过春化作用的时间越短、植株越小。因此冬季种植甘蓝一定要根据种植时间选择好品种，一般来说，早播种可选择早熟的品种，晚播种则要选择晚熟的品种，这样可以避免因低温引进抽薹而不会包球。

甘蓝低温抽薹开花

花椰菜

认识蔬菜

花椰菜别名花菜、菜花、洋花菜，为十字花科芸薹属一年生植物，是我国南方地区普遍种植的主要蔬菜之一。花椰菜原产于地中海东部海岸，约在19世纪初引入中国。花椰菜品种较多，通常有松花型和硬花型两种；从花球颜色上来分，有白色、黄色、紫色等。花椰菜的食用部位是花球。

白色花椰菜

紫色花椰菜

栽培季节

花椰菜家庭栽培一般以秋冬季和冬春季栽培为主。秋冬种植前期热，一般选择早中熟品种；冬春种植要选择晚熟的品种，以免因环境温度影响而提早开花，产量降低。

栽培场所

花椰菜适宜在庭院、天台等地方种植。

栽培容器

花椰菜采用较大花盆、箱子、栽培槽栽培，深度30厘米。无土基质栽培一般采用栽培箱、基质袋或基质槽。

土壤要求

花椰菜以疏松、肥沃、排水良好的壤土栽培为好，可用菜园土、厩（堆）肥配制。

播种育苗

花椰菜应采用穴盘或营养袋育苗，定植成活率高。播种前培养土浇透水，将种子均匀地播于土面上，每穴1粒，播种后覆土0.6~0.8厘米厚。然后保持土壤湿润，在15~20℃条件下一般3~4天即可出苗。幼苗出齐后至2片真叶前，保持土壤见干见湿，并需要一定的光照条件，以免徒长或发生病害，幼苗5~6片真叶时即可定植。

槽栽花椰菜

花椰菜定植

花椰菜初花

盖花

栽培管理要点

1.移栽时间应在晴天的下午或傍晚，定植后要及时浇水，整个生长期要保持土壤湿润。定植成活后用稀薄的有机肥浇肥3~4次，一般每隔7天浇施1次。

2.当植株叶片生长至一圈，形状似莲座时（俗称莲座期）喷施0.3%硼砂溶液1~2次，这样可以避免花椰菜产生空秆。

到了结球后期，需水量加大，这个时期水分供应不足常常会抑制营养生长，促进花球生长加快，提早形成花球，造成花球小且品质差。

3.花椰菜花球在烈日下易变黄或产生毛花，降低品质，商品性差。因此，在花椰菜花球迅速增大时应该遮盖花球，可折弯外叶盖于花球上，以使花球保持洁白，提高品质。

采收关键

花椰菜采收过早花球小，影响产量；采收过晚，花球变松散，品质差。适宜采收的标准是：花球充分长大、色洁白、表面平整、边缘尚未开散。

食用与养生

花椰菜富含膳食纤维、蛋白质、维生素、脂肪、碳水化合物及矿物质等，是含有类黄酮最多的食物之一。花球中含有异硫氰酸盐化合物和微量元素，具有抗氧化功效；含有类黄酮化合物，具有保护心血管系统的功效。因此花椰菜的食用价值非常高。

菜专家叮嘱

花椰菜也是属于绿体春化的蔬菜品种，也就是说当幼苗植株长到3~5片叶子、茎粗达到0.5厘米以上时，就会因为低温通过春化，从而抽薹开花。越是早熟的品种受到低温影响而开花的时间越短。一旦提早开花，会因为叶片还没有完全长成就提早出现花球，这样的花球缺乏营养，无法长大，而且容易散开。

马铃薯

马铃薯

认识蔬菜

马铃薯又名土豆、山药蛋、地蛋、洋芋等，是茄科茄属一年生草本植物。马铃薯原产于南美洲安第斯山一带，在我国广泛栽培，是重要的粮菜兼用作物。其食用部位是块茎。

栽培季节

马铃薯在南方以秋冬季种植为主，一般在10月播种。春季种植一般在1月中下旬至2月上旬温度稳定在5~7℃时播种。

栽培场所

马铃薯适宜在庭院、阳台或天台等地方种植。

栽培容器

马铃薯采用中等大小花盆、箱子、栽培槽栽培，深度30~40厘米。无土基质栽培一般采用栽培箱、基质袋或基质槽。

土壤要求

马铃薯最喜土层深厚、松软、通气、排水良好的沙质土壤，可用菜园土、厩(堆)肥、河沙配制。

马铃薯结薯状

马铃薯开花

切种薯播种

马铃薯中苗

栽培管理要点

1. 马铃薯家庭栽培以块茎繁殖为主。薯种切成30克左右的小块,每块含1~2个芽眼。切时要注意刀具消毒,刀具用75%酒精或0.5%高锰酸钾溶液浸泡5分钟,切完几个种薯后,刀具要擦1次。

2. 马铃薯发芽常不整齐,已发芽的先播,没发芽的统一催芽后再播。切块刀口晾干愈合后,堆于15~20℃下催芽,薯芽向上,覆土3~5厘米厚,并盖塑料薄膜以利增温保湿,待芽长出后再播种。

3. 播种前一天要浇透水,一般采用穴播或开沟种植,株距20~25厘米。将发芽的薯块放于穴内,覆土约8厘米厚。覆土过浅,结薯会外露变青,影响品质;覆土过深会延迟出苗,影响产量。

4. 出苗后要及时查苗,发现烂种,要用已催芽的种薯补苗。出苗后一段时间内,不浇水或少浇水,促进根系发育。当茎叶生长加快时适当浇水,随着植株长大要逐渐培土,及时浇水,保持土壤湿润。开花后块茎迅速生长,应勤浇水,结薯后期减少浇水,收获前1周停止浇水。

5. 苗期植株长至20厘米时,要追施1次肥料,用氮肥加磷肥。现蕾后再进行第二次追肥,以磷钾肥为主。

采收关键

开花后,当茎叶大部分变黄时,选晴天土壤较干爽时采收。采收时整株挖起,收取薯块。

食用与养生

马铃薯具有很高的营养价值,含有丰富的维生素B_1、维生素B_2、维生素B_6和泛酸等B族维生素及大量的优质纤维素。马铃薯可以煮、焖、炸等,还可以加工成薯条、土豆饼等。马铃薯富含柔软的膳食纤维,脂肪含量低,是良好的减肥食品。

菜专家叮嘱

马铃薯种薯如果连续多年留种种植，极易感染病毒病造成"退化"。用退化的种薯种植，会严重影响产量和质量。所以尽量采用专业市场上购买的脱毒薯块原种做种，如果直接使用从市场上买回来的商品薯块做种薯，则无法保证种植质量。实在没办法年年去购买原种的，则最多只能留种1~2代，否则病害严重，产量低。

小贴士：发芽的马铃薯不能食用

马铃薯中含有一种叫"龙葵碱"的毒素，一般成熟马铃薯中龙葵碱含量很少，不会引起中毒。但皮肉青紫发绿不成熟或发芽的马铃薯中，尤其在发芽的部位毒素含量高，人吃了就容易引起中毒，会引起咽喉发痒、胸口发热疼痛、恶心、呕吐、腹痛、腹泻等。

豌豆

豌豆

认识蔬菜

豌豆又名麦豌豆、寒豆、麦豆、雪豆、荷兰豆，是豆科豌豆属攀缘植物，分为矮生和蔓生两种类型。豌豆起源于亚洲西部、地中海地区和埃塞俄比亚、小亚细亚半岛西部，因其适应性很强，在全世界的地理分布很广，我国各地均有栽培。其食用部位是幼嫩荚果。

豌豆开花

豌豆开花

豌豆种子

豌豆出苗

豌豆开花结荚

栽培季节

豌豆主要在秋、冬季种植，南方一般在9~11月种植。

栽培场所

豌豆适宜在庭院、阳台或天台等地方种植。

栽培容器

豌豆采用各种花盆、箱子、栽培槽栽培，深度25厘米左右。无土基质栽培一般采用栽培箱、基质袋或基质槽。

土壤要求

豌豆对土壤要求不严，喜土质疏松、富含有机质的沙壤土。豌豆忌连作，可用菜园土和有机肥并加适量的石灰配制。

栽培管理要点

1.豌豆一般采用直播，播种前用40%盐水选种，除去上浮不充实的或遭虫害的种子。

2.种子发芽适温18~22℃，播种前浇透水，可穴播，穴距20~25厘米，每穴播种2~3粒，播后覆土2厘米厚，温度适宜条件下2~3天即可出苗。

3.豌豆苗期生长适温14~22℃，稍耐旱，早晚叶片不萎蔫则不需要浇水。植株生长期间喜凉爽，不耐高温和霜冻。开花结果期15~20℃时最有利于开花和豆荚发育，要求保持土壤湿润而不积水。结荚后期，豆秧封垄，减少浇水。

4.矮生品种可不用搭架。蔓生品种苗高30厘米时，可插竹竿引蔓，牵引豌豆苗攀爬，尽量使茎叶分布均匀。也可以搭"人"字架，用纤维绳沿着竹竿向上、每隔30厘米左右横向牵一条绳，共牵3~4条，以利于豆苗向上攀缘。

5.生长期少施氮肥,应在土壤中施足有机肥,出苗10天可施用稀薄的有机肥1次;豌豆开花前,浇小水追施速效性氮肥,并进行松土;茎部开始坐荚时,追施磷钾肥。

采收关键

豌豆花谢后10~15天即可采收豆荚。此时豆荚已充分发育,颜色略转深色,种子开始形成,照光见子粒痕迹。采收应轻采或用剪刀采,以防拉伤茎蔓,应保持花萼完整。粒、荚兼食类型的如甜豌豆,则在豆荚内种子充分长大而鼓胀时再采收,此时豆荚仍为绿色。

食用与养生

豌豆富含蛋白质、膳食纤维、维生素A等多种营养成分,宜旺火清炒食用。

蚕 豆

认识蔬菜

蚕豆又称胡豆、佛豆、川豆、倭豆、罗汉豆,属豆科野豌豆属一年生或二年生草本植物。蚕豆起源于西南亚和北非,相传为西汉张骞自西域引入中国,现在我国广泛栽培。其食用部位是幼嫩或老熟的籽粒。

蚕豆

蚕豆开花　　　蚕豆开花

蚕豆种子

蚕豆疏花

蚕豆打顶

栽培季节

蚕豆喜冷凉而较湿润的气候，主要在冬季种植，南方一般10月中旬至11月播种。

栽培场所

蚕豆适合于庭院、阳台或天台等地方种植。

栽培容器

蚕豆采用各种花盆、箱了、栽培槽栽培，深度25厘米左右。

土壤要求

蚕豆忌酸性土壤，喜保水保肥力强的沙壤土，可用菜园土和有机肥并加适量的石灰配制。

栽培管理要点

1. 蚕豆一般采用直播，种子播种前可先在太阳下暴晒2~3天，既可杀菌又可提高种子的发芽势和发芽率。

2. 播种前培养土浇足底水，穴距25~30厘米，一般特大粒种每穴种植1粒，大粒种每穴种植2~3粒，播种后覆土3~5厘米厚。

3. 当幼苗3~4片真叶时，要间苗定苗，大粒种每穴定苗2株。

4. 苗高6~9厘米时，以腐熟有机肥浇施1次，在现蕾期、结荚期如果植株长势太弱，可再浇施1~2次腐熟有机肥。后期可用0.5%磷酸二氢钾加0.3%硼砂溶液进行叶面追肥，以促进结荚。

5. 整个生长期防止积水，开花至成熟期要保持土壤湿润，初花期要进行1次培土。

6. 苗期3片复叶完全展开时，摘去主茎生长点，以促进分枝。在初花期每株留6~8个分枝进行整枝，以改善通风透光率，减少无效养分消耗。当90%以上枝条开花时，选晴好天气进行打顶，以摘除1叶1心为度。在每花序第一、第二小花开放时及时摘除该花序的其余花蕾。

采收关键

待豆荚膨大饱满、有光泽，豆粒种脐呈头发丝样的细黑线时即可采收青荚。可分次采收，自下而上，每7~8天采收1次。如采收老熟的种子，可在蚕豆叶片凋落、中下部豆荚充分成熟时收获，晒干脱粒贮藏。

食用与养生

嫩荚蚕豆可以直接剥出种仁炒食，也可做汤喝。老熟蚕豆粒可以炒食或水发后剥仁炖汤等。蚕豆皮中的膳食纤维有降低胆固醇、促进肠蠕动的作用。现代科学还认为蚕豆也是抗癌食品之一，对预防肠癌有一定作用。

蚕豆籽粒

小贴士：

蚕豆病俗称胡豆黄，是由于红细胞内先天缺乏葡萄糖-6-磷酸脱氢酶（G-6-PD）的遗传性疾病。当机体进食蚕豆、蚕豆制品、接触蚕豆花粉或药物等，会引起红细胞破坏加速，产生严重的急性溶血性贫血，若不及时抢救治疗会危及生命。该病起病急骤，初有寒战、发热乃至不定位的腹痛，继而呕吐、脸色苍白，严重者有明显黄疸，少尿或无尿，甚至休克、肾衰竭等。

草 莓

草莓

认识蔬菜

草莓又叫红莓、洋莓、地莓，是蔷薇科草莓属多年生草本植物。草莓原产于亚洲、欧洲和美洲，是当今世界七大水果之一。我国是世界上草莓野生资源最丰富的国家，草莓生产面积居世界第一位。其食用部位是果实。

草莓开花

草莓槽栽

栽培季节

草莓在南方以冬春季种植为主，种植时间一般在 10 月中旬至 11 月中旬，可收获至翌年春季。

栽培场所

草莓适宜在庭院、阳台和天台等地方种植，也可以在开花结果后移入厅堂做观赏用。

栽培容器

草莓采用各种花盆、箱子、栽培槽栽培，深度 25 厘米。无土基质栽培一般采用栽培箱、基质袋或基质槽。水培适合采用管道式和栽培箱等。

土壤要求

草莓喜有机质丰富、肥沃、疏松、排水性能良好的壤土或沙壤土种植，可用菜园土、厩（堆）肥和山皮土配制。

播种育苗

草莓一般不用种子进行栽培，而以母株分株繁殖的草莓苗来栽培，也有很多专业培育好的组培苗，病害更少，更适合家庭种植。家庭种植的草莓通常数量少，可以直接从市场上购买草莓苗来种植。

栽培管理要点

1.购买回的草莓苗应具有4片以上发育良好的叶片，顶芽健壮，多数新根5厘米以上。定植前培养土要浇透水，按20~25厘米的株距挖穴，将根舒展置于穴内，然后填土压实，浇足定根水。移栽深度以浇足水后，苗心仍能略高于土面为好。管道式无土基质栽培使用定植篮，可以更好地支撑植株。

草莓无土基质立式栽培

2.草莓属浅根性作物，对水分要求高，生长期间要保持土壤湿润，一般每3~7天浇1次水，气温高的季节需经常浇水。果实采收后，要及时浇水。

3.在开花期、现蕾期和结果期要进行追肥，一般用腐熟的有机肥各追施1次，不能偏施氮肥。

4.草莓先开的花结果大，后开的花结果小。要及时疏花，摘除后开的花，一般每个花序留果5~8个。

5.草莓底部的叶片要及时摘除，避免消耗营养影响结果。在草莓生长过程中要随时除去老叶、枯叶和病叶。

草莓盆栽结果

采收关键

草莓浆果完全红熟时，即可采收。采收时用大拇指、中指、食指轻轻地拿住草莓果实的中下部位，将草莓果轻轻提起，然后顺势轻轻拉动，将带着绿色萼片的草莓果实从果梗处脱离下来。一般每隔1天采收1次。

食用与养生

草莓果实含特殊的芳香，甜酸适度，维生素 C 含量高，可鲜食、冷冻或制果酱、果汁。草莓果实表面粗糙，不易洗净，可用淡盐水泡几分钟，既可杀菌又较易清洗。

冰 菜

冰菜

认识蔬菜

冰菜又名非洲冰草、冰草、冰叶日中花，为一年生或二年生草本植物。其叶面和茎上着生有大量大型泡状细胞，在太阳下像冰晶一样，因此而得名。冰菜原产于南非纳米比沙漠等干旱地区，近年才传入国内。冰菜可在海岸处生长，具有一定的耐盐性，泡状细胞的液体中含有盐分，因此吃起来本身就带有一些咸味。冰菜不仅可以食用，而且具有很好的观赏性。其食用部位是植株幼嫩茎叶。

栽培季节

冰菜喜冷凉气候，不耐高温，南方地区家庭种植一般以秋冬季栽培为主，可连续收获至翌年早春。

栽培场所

冰菜适宜在庭院、天台、阳台等地方种植。

栽培容器

冰菜可采用花盆、箱子、栽培槽栽培，深度 20~30 厘米。无土基质栽培一般采用栽培箱、基质袋或基质槽。

土壤要求

冰菜以疏松、肥沃、排水良好的壤土栽培为好，可用菜园土、厩（堆）肥、山皮土配制。

播种育苗

冰菜种子粒小，应采用穴盘或营养袋育苗，定植成活率高。可事先浸种 2~4 小时后晾干表面水分播种，播种前育苗基质应先浇透水，每穴播种 1 粒。播种后覆土 0.6~0.8 厘米厚，保持土壤湿润，在 15~20℃条件下一般 5~6 天即可出苗。提早播种要防止高温危害，温度太高则影响发芽。一般播种后 20~30 天，植株有 5~6 片叶子时即可移栽定植。

天台无土基质盆栽冰菜

栽培管理要点

1. 冰菜移栽时间应在晴天的下午或傍晚，按 15 厘米 ×15 厘米的间距定植，定植后要及时浇水。整个生长期要保持土壤湿润，但不可积水，可在土壤表面干燥时浇水，浇水过多易引起烂根。

阳台盆栽冰菜中苗

2. 冰菜生长适宜温度为 15~30℃，夏季栽培应考虑搭遮阳网，以达到降温目的。冰菜喜光照，在保证正常的环境温度条件下，整个栽培期间应尽量让植株多见光。

3. 冰菜由于纤维层薄，输送水分和养分相应较慢，故追施肥料不能过浓，必须薄肥勤施，更不得浓肥追施。秋冬以干为宜，不得灌大水，水多肥浓易损伤根系，导致叶片黄化。如果采用无土基质栽培，营养液浓度应稀薄。

4. 冰菜喜盐，为了可以吃到更好口感的冰菜，栽培过程中可以浇施一定量的盐分。通常在移栽成活后，每个月补充一次盐分，前期浓度要低，每千克水加入 10 克左右的食盐即可，生长旺盛期可增加到每千克水加入 20 克左右的食盐。

采收关键

冰菜播种后约两个月即可进入收获期。冰菜分枝性强，侧枝多，可结合整枝进行采收。待侧枝长约10厘米时，选取生长密集处的侧枝，自茎尖向下约8厘米处用剪刀将侧枝径向剪断。采收时间宜在清晨温度低时。

冰菜开花

食用与养生

冰菜因含有对人体有益的多羟基化合物（如肌醇等）、黄酮类化合物及天然植物盐、钙、钾等微量元素，故被作为一种新兴的保健食材。冰菜可炒食、做汤或沙拉食用。

菜专家叮嘱

冰菜属喜盐植物，因此在生长过程中添加盐分是必要的。栽培过程中温度超过30℃，往往会导致冰菜茎叶上的冰晶状颗粒减少，口感变差，商品性降低。